哲猫志

PHILOCAT

多令 著

花菇子 绘

湖南人民出版社

没有人能像他那样将哲学写成
猫族的奇幻、
这是深度写作的未来之路

猫的面貌

在世界形成之前就已形成

猫的沉思

永远对人类保持沉默

目录

火焰猫

在远古时代，因为有一只猫盗窃了太阳之神的宝石，来作为他的瞳仁，太阳之神在暴怒之下就惩罚猫族，永远不得直视阳光，也永远无法接近火焰。无论任何色彩和质地的瞳仁，那些黄水晶一般的，那些钴蓝色的，那些红纹石一般的，必须在任何时刻屈服于太阳的光芒，并且裂开。

那只曾经盗窃宝石的猫，被烙上了刺目的火焰纹，据说离开了猫界，有的说他躲进了地底的深处，也有的说他藏匿于白云之下，在天空永久地游荡，以此来逃避太阳之神的惩罚。而他的同类，却因为他成了高贵的物种，他们有了炫目的皮肤，无须打理就充满光泽的毛发，无与伦比的反应和速度，完美的协调能力，而重要的是，那些安静的猫类学会了沉思，并且保护他们沉思的秘密。

那个时代，太阳西沉的时候，总有数不清的石块向着它翻滚，在天尽头碰撞、粉碎，连大海都会因此而翻涌，树梢闪烁着噼噼啪啪的火光，灌木纷纷倒伏，树林之下则会卷起巨大的燔风，让所有的动物都惊恐不安。在清晨，太阳升起的时候，整个世界都会成为太阳的倒影，就像一口巨大的盛放着金色溶液的池塘，让万物沸腾其中。猫族的皮毛都会在此刻面临融化的危险，他们会失去体重，就像被画在风里那样，找不到自己的形骸，只有当太阳彻底挣脱地平线的束缚，他们才能重归大地。

有了城市之后，他们便大举迁入，摆脱惊恐获得安宁。那些留在荒野的，则变得更凶猛，体型更庞大。

而我们所要谈的，先是留在城市的猫族故事。

沉默月光之歌

那个城市有一位学者养了两只家猫，家里有摆满三面墙的书架，当他端坐书架之下的时候，这知识王国唯一的缺口，便是容许那两只家猫溜进来——老的那只叫做卡尔，快成年的那只叫做朵西。

这位学者知道，即使他不在的时候猫也习惯性地潜入书房，却不知道他们也会潜入书籍。那里面有烫金的黑格尔著作，读那些很容易带来过度思虑的烦恼；有伏尔泰轻松的小册子，里面装满了古板而又自负的教士；有关于伊壁鸠鲁的注疏，里面的原文往往残缺，像古老城墙的遗迹；有热情而又痛苦的尼采，他的头像被烫印在封面上，可永远不能再开口说话了。还有拜伦和济慈的诗集……

风经常会翻动它们，尤其是在暮色已深，猫头鹰悄悄开始活动之时。当主人累了，需要挪动一下身体的时候，扶手圈椅会发出轻微咯吱的一声，就会有字迹卷起，思想的页码会重新调整秩序。

他偶尔会抱着卡尔或者朵西来阅读，他以为他们对书一无所知。

实际上是主人对猫咪一无所知，尤其是对诡秘的卡尔。卡尔是一只摄猫，人类不了解摄猫，是因为摄猫永远不会和人类沟通，沟通了他就不能再享受作为一只摄猫的福祉。摄猫是那种会潜入人类灵魂中的猫。一只聪明的猫能获得抽象思维的能力，可能会懂得两三门知识，但只有摄猫会像人类那样懂得很多种知识，并且还可以像人类那样把这些知识进行分析。

所有摄猫的诞生都是偶然的，猫族的灵魂会从人类意识的缝隙里悄悄潜入，那种缝隙往往出现在人类彻底忽略他们的时候，比如一场大病，或者一场绵延几个小时魂游天外的思考，这样的事情往往容易让灵魂敞开，意识饱满又丰盛，甚至流淌出来，让窥见的猫成为摄猫。

一只摄猫的诞生是造物的奇迹。他极其罕见，并且对同类隐匿事实，让他们无法分辨。摄猫比普通能思考的猫有更大的野心，他会像人类一样寻找思想的广袤。

这个夜晚主人并不在家，于是卡尔和朵西就去摆弄钢琴。钢琴边的案子上有一个镶着银边的桃木镜框，镜框里只有一半贴上了照片，那是一处不知名空旷海滩的风景，一块孤零零的黑色礁石在海滩上延伸，形状就像一只靴子，白色的泡沫簇拥着它，它的中心有一个空洞，盛满了涨潮时的海水。镜框边上还有一个空空如也的首饰盒，上面悬着一把金色的钥匙。

曾经有一次，主人看见卡尔在琴键上跳跃，听着他跳出的音符，脑子里浮现出一个念头：如果一只猫能够靠随机的运动来弹出一首奏鸣曲，那可能需要他跳动比地球更古老的时间，哪怕是只跳出标准的一小节，可能也需要好几千万年。

卡尔准确地捕捉到了主人的念头，其实，在爪子

上跳出音乐也许他真的需要那么久，但在他心里演奏出音乐只需要一次就够了。

比如，现在他心里响起了舒伯特的《菩提树》，他在心里把这首曲子演奏得分毫不差，甚至把甜蜜安宁的夜晚演绎得比真实的更为饱满。他享受着这首歌，以至于不知不觉高唱起来：

古井边长着那棵茂盛的菩提树，

那绿荫会长满了我的美梦。

我想在那树干上也刻下甜蜜的诗句，

那样无论痛苦快乐都可以在树下流连……

"啊，卡尔，你唱得可真难听……卡尔，请你停一停吧！"

那只老摄猫终于无奈地停了下来——由于长期思考，卡尔比同龄的猫显得憔悴，稀疏的胡须干燥得很容易着火，只要一集中精力抬头纹就会显得更密集。

一只老摄猫，怎么会突然来了这样的激情呢？

他拉开了窗帘，有点沮丧。此刻月色姗姗来迟，小虫子们从树皮下爬了出来，向着秋天发出最后的低鸣。而他们的天敌也飞出了巢穴，在树干上剥啄出空旷。

窗外的月晕一点点扩大开来，没有音乐的猫族，此刻也感受到了同样的孤独。

卡尔说："朵西小姐，我们一起来听一听《月光》吧。"

朵西懒洋洋地回答："要贝多芬的还是德彪西的？"

"喔！小姐，你都记得？"

"当然，天生的敏感。"

"那我们选择德彪西吧，我打赌你将来会喜欢印象派。"

这是一个心灵的游戏，卡尔发明的，两只猫同时在心中弹奏同一首乐曲，他们能做得毫无二致，就像这乐曲本身的面貌一样。一首乐曲真正的面貌就是它自己，它属于音阶的秩序，而不是演奏者。

如果两只猫在音乐结束的时候同时睁开眼睛，那么他们在心里演奏的就是同一个版本。如果差得太远，那必定是某只出了点什么问题。

他们陷入彻底的沉默，半眯着眼睛，脑海里同时让那首曲子浮现起来，像云雾里无形的风，要在心里拨开那些云雾般的杂念，它就会越来越清晰，甚至能比真实的演奏更完美。

那些窗外传来的细小的声音，比如蘑菇生长拱起泥沙、蜡嘴雀在翻动着落叶，微风送来，就像为这天籁送来衣裳。

他们沉浸于这神奇的游戏，只有快结束的时候，卡尔才想起主人曾经的思考：只有音乐才有这样的魔力，如果我闭上眼睛，去想象一幅画，或者一栋建筑的细节，我很难感觉到一样的清晰，小说就更加不可能了，我无法让每个句子、每个标点都准确无误，更别说在大脑里任意翻动它们了……可能这是音乐的一个特质，它只能朝前流淌，而不能任意截取或者停止……

他想得走神了，等感觉到朵西在挠他的额头，他才发现曲子尾音应该早就过去了。

"卡尔，你玩砸了，我可是走得分毫不差，你得赔我另一支曲子。"

黑格尔的音乐哲学认为，音乐是不需要任何外在条件就能在心里萌发的艺术，如同数学并不需要摆出实际的物品才能计算一样。音符之间的协调和对抗、追逐和耦合、飞跃和消逝——这些东西以自由的形式呈现在我们直观的心灵面前，并且使我们感到愉悦。

如果你的心灵能唤起乐符，你确实不需要一个播放器或者一件乐器。

二

废墟掠食者

在离这个家不远的地方，有一座木房子失火了，成了一座小小的废墟，如果俯瞰它，这座废墟实在微不足道，它处在一个热闹的市场旁边，对这里忙碌的人类不会有任何影响。他们对各种废墟的出现早已习以为常。所有废墟都会消失，成为灰烬和渣土，再获得新的形体，这是天经地义的事情。

别说一所木房子了，一栋大楼被推倒了，也会成为小动物的乐园。哪怕是一座城市，人类摧毁了它，又会开始重建，就像野火卷过的田野那样自然。火山的熔岩会烧干一个湖泊，但雨水也能让它成为新的湖泊，大象的尸体会在湖泊里腐烂，湖泊里会长出凶猛的鳄鱼……总之，无论人类还是大自然，都在孜孜不倦做着这游戏，完成世界生灭的循环。

现在，有两只背上有黄色条纹的生灵开始在这座废墟上游荡，小雨后的空气里有青鱼的气味，木头的灰烬分泌着残存的油脂，未燃烧干净的谷物也在发酵，成为腐殖土的一部分。

这是城市最小的一个创面，即使人类短暂遗忘了它，它也具有一种自动愈合的神奇能力。

沿着被烧得只剩下了一半的楼梯，他们爬到了二楼。卡尔依稀还记得祖上讲过的故事，在他年轻的时候还是将信将疑，那时候他的皮毛光滑而又坚韧，对占有知识野心勃勃，遥远的旷野曾经短暂地呼唤过他。有时候是一场梦，有时候就干脆是风投射过来的影子。但此刻他已经老了，越老就越感到太阳之神的威力巨大。

他们来过这里已经很多次，卡尔决定在这里建造一座花园。对于卡尔来说，更远的思考，如果没有花园，那是不可想象的。花园里的四时有序，万物生长，可以使得思考者重新确立自己的坐标，他将和自然彼此敬重，彼此宽容，蜘蛛会在那里展示他们惊人的几何学造诣，蚂蚁迷宫会揭示一个真相的出现究竟会有多曲折，石蒜花细长花瓣里有力学的奥秘……这些美妙的事情，能够避免思考陷入形而上的痛苦而不能自拔。更重要的是，植物本身就是思想的覆盖之物，能让思想也随同它们沉默地生长。

卢梭说用植物替代文档和旧书是最美妙的事情，他习惯把拾到的花瓣锁进箱子里，并且写了一本《圣埃尔岛植物志》。至于黑格尔，他简直用尽一生在花园小径散步。

对于卡尔来说，建造花园另一个现实的目的是为了朵西，朵西已经大了，所有的公主都应该拥有自己的花园。

仅仅是过了一夜，这里的生机又旺盛了些，菟丝子的胡子又长了两尺多，还多打上了一个圈。不知名的菌类纷纷拔起，举出黄色的、白色的小伞。他们要做的工作看起来很麻烦，至少要除掉那些讨厌的构树啊、鸡屎藤啊、野蒺藜啊，它们要么散发着难闻的气味，要么长满尖刺，要么招惹蚂蚁。他们很久没有干过任何费体力的事情了，但这事没有主人代劳。于是他们就做了一个分工，在圈定的地方，卡尔负责去除掉杂草和灌木，肥胖的卡尔并不擅长干这种活。朵西则负责去寻找好看的植物。

朵西发现墙头上开了一些紫色的小蓼花，它们太小了，每朵都没有一只小猫的指甲大，可能需要有一千朵才能铺满整个花园，管他呢！先扯过来，也许别的地方还有。

她开始向墙头爬去，那里落了一只麻雀，正在啄食着草籽，每啄一粒，就抬起头警惕地看着她这边，随时准备飞走。等朵西靠近的时候，那只麻雀很不满地飞起来。

这时候发生了一件惊人的事情，一具粗犷的躯体从墙的那一边腾空而起，挥舞着浑圆厚实的手掌，接着看到的是他的躯干，长满了野蛮的黑毛。随着四肢的展开，他的躯干显示出一种精致的结构，所有的肌肉都凸现出来，连附着的骨骼都可以分辨，每一处都拥有完美的比例，互相支撑的协调。

　　他就像蓄积了很久的闪电那样，动作锐利又简洁——麻雀本来想在空中变换飞行角度，那只猫也跟着做了个轻巧的弯折，就在空中把它直接给扑了下来。

　　朵西一瞬间被吓得魂飞天外，原来那里一直躲藏着另外一只猫，那么长的时间她竟然一无所知！这个浑身是肌肉的家伙在展示了他的跳跃能力之后，恬不知耻地把麻雀含在嘴里，那只麻雀的腿还在不停地抽搐。

　　等那只猫也发现朵西之后，就很不好意思地把那只可怜的生灵放了下来。

　　"啊，对不起啊，小姐，我叫杰里科，来自弗雷家族。"

看着那只麻雀朵西痛苦地半闭着眼睛："你……你为什么要杀死他？"

"没有麻雀我们弗雷家族可没法活，这个城市的麻雀有百分之三十是野猫杀死的。"

那只猫说话的时候还是很诚恳的，像是希望朵西能理解。但朵西从来没有见识过这样的事情，她的心脏还在狂跳着：他们竟然如此野蛮，他们竟然如此健美，像来自另外一个截然不同的世界。

卡尔永远不能像他那样跳跃，她也不能，那一定是另外一种魔力塑造了他们！朵西隐约知道那种魔力令人羡慕，并为自己家族的慵懒而感到羞耻。

杰里科用锋利的爪子，几下就撕下了麻雀的一条腿来，然后将血淋淋的腿递给朵西："分享吧，丫头……"

朵西捂住了眼睛："卡尔，卡尔，你在哪里？"

卡尔已经扯掉了一大堆藤蔓，正在开始铺猫砂呢。他已经累坏了，只能用肚子磨蹭到墙下。

"谢谢你，好小子，可这不是我们的食物。"

那只猫不好意思地说了声对不起，又打算撕麻雀的脑袋下来。

"住手吧，我是说，我们从来不吃麻雀！"

他尴尬极了："先生，今天的事情，真的非常抱歉。"

"也许该抱歉的是我们，我们打算在这里建造一个花园，可能侵犯了你们捕食的领地。"

"您是一位好先生！我们会再见面的，对了，我叫杰里科。"

杰里科再次对他们鞠躬，然后叼着那只麻雀走了。

卡尔和朵西忙了一天，花园有点样子了。就在他们收工的时候，黄昏的太阳突然从大片云彩中彻底挣脱出来，以猫族的视觉，那便是光的栅栏，那不仅仅是一种视觉上的恐惧，而且是听觉上的，它就像无数轰鸣的铜鼓，那些射线带着大量只有猫族能感受的辐射，让他们在金色的瀑布中只能习惯性地埋下头，或者躲到阴凉的地方。

但这种美丽仍然是有诱惑力的，卡尔不断望向那沸腾的西方，那是日神与夜神交汇的地方，这让他产

生一种灵感，于是，他将这里命名为日落花园。

在回家的路上，卡尔问朵西："你觉得那小子很可怕吗？"

"不，他很有礼貌。"

然后朵西陷入了对那健美躯干的想象，在他扑向麻雀的瞬间，朵西也被同时击中，无处可逃，因为他过于醒目，就像是为了在风中炫耀而生。

卡尔还在喋喋不休："你可能还是不理解，他们其实就是野猫而已，麻雀和我们的猫粮其实没有两样，每个人都有权利选择基本的生活，只要他们不去伤害其他的猫。"

"我没有想这事，我在想您的肚子……"

现在是卡尔尴尬了："我知道你在说我比他丑，我的肚子是人类喂大的，我被加工得太多，可以说，我们并非真正的猫，我们只是人类想要的猫，人类的附着之物而已。可他是大自然雕塑的，我可以告诉你，如果比起美来，我确实输了，自然的东西，永远会比加工过的更美。"

朵西想着卡尔的话，突然觉得自己有点失言了：

公开赞美一只公猫，而且还是年轻的公猫，这是她以前从未干过的事。

　　自然美在古希腊哲学中占有至高的地位，人体美的源头就在古希腊哲学。毕达哥拉斯学派认为，大自然已经为我们规划好了最合适的比例和形状，这些就是美的标准，这些美的标准不但是可以测量的，也是经得起推敲的，比如黄金比例。丹纳《艺术哲学》这样描述古希腊人：在他们眼中，理想的人物不是善于思索的头脑或者感觉敏锐的心灵，而是血统好，发育好，比例匀称，擅长各种运动的裸体。

三

薛西斯的礼物

接下来的几天，他们的花园逐渐成形了，虽然偶尔会听见杂草丛外有哗哗的响动，但那些人类谁也不会真正望这里一眼。那只是一座废弃的土房子而已。

这个花园并不是那些用来糊弄小萌猫的塑料玩意，那是真正的花园。它是猫的领地，但充满了野性。朵西弄来了大把的紫蓼花，他们将紫蓼花铺设得很密集，就像燃烧的紫色火焰，还有几株圆圆的香菇草，能够在清晨盛住露水的那种。卡尔为了使这个花园看起来不那么招摇，又弄了一些高大的蕨草和不那么好看的野苎麻来作为掩饰。为此，他们一度爆发了争吵，朵西认为这些植物的叶子太夸张，够不上美的标准。但卡尔说它们是有用的，野苎麻有带着尖刺的果实和讨厌的绒毛，可以用来吓唬蓝尾喜鹊。至于老鼠，这里有猫留下气味，他们自然就不敢过来。蛇会讨厌蕨草，但卡尔只是听说而已，他也拿不准。

在他们快完工的时候遇到了另外一个难题，那时候下了一阵小雨，他们发现花园有积水，于是就开始用爪子刨出一条排水沟来。这可是个不太好干的力气活，因为指甲总是被主人剪短。这时候，那个殷勤的杰里科就派上用场了，他总是在这附近转悠，寻找捕猎的机会，他看见可怜的猫小姐每刨两下就要看看自己的爪子，就自告奋勇上来帮忙。

卡尔本来并不介意他们的旁边有只野猫在晃悠，但他发现朵西竟然有点喜欢杰里科之后，尤其是杰里科又表示出有点喜欢朵西之后，他就开始介意了，这可是一只体型雄壮毫无思想的野猫呢，文明无法驯服他，可能只有比他更凶狠的猫才能驯服他，棍棒才能驯服他吧。

干完了排水沟的活，杰里科就带着朵西到附近转悠，他说知道哪里有比较好看的植物，不一会儿，他们便衔着几朵凌霄花回来了。

朵西高兴极了："卡尔，让我们邀请杰里科一家来做客吧，他说他禀告了他的父亲，他们也不介意和我们家猫交往。"

这可是一个难题，看着愣头愣脑的杰里科，看着他那褐色的黏糊糊的鼻子，谁知道他那一大家子是什么样。

朵西见卡尔在犹豫，就开始要挟他了："卡尔，我们的花园可是他们的领地，说不定他父亲哪一天会反悔，来赶我们走。"

这句话起了作用，又过了几天之后，杰里科一家真的来做客了，卡尔一家势必要拿出主人的尊严和热情来，他们准备了煎好的鳕鱼块、烤熟的虾子，还有鱿鱼丝，那种鱿鱼丝可是一点腥味都没有的，他们用主人的银盘子装好食物，还点上了蜡烛，斟上了白葡萄酒。

在餐桌上，卡尔和朵西坐在他们主人平时坐的那一头，而把平时没有人坐的右边留给了杰里科一家。杰里科的父亲薛西斯并不像一只标准的猫，他的脸像斗牛犬那样厚实而多肉，额头上的毛发从前面和两侧耷拉下来，胡须有豪猪刺那样硬，而躯干也有些过长，覆盖了厚厚的黑毛，只有腹部有一点点白色，光看背部会以为那是一头黑熊。杰里科的哥哥赫克托肌肉厚得像铠甲那样，实在强壮得有点过分，整整比杰里科粗了一圈，眼睛里总有两团黄光在旋转闪烁。

即使在森林里，这也是令人胆寒的家伙——卡尔想，真不该请他们来。

这顿晚宴，朵西和杰里科是兴致勃勃的，赫克托却和卡尔较着劲，他显然对家猫的礼仪充满鄙视，在系围裙的时候发出了古怪的笑声，把卡尔给他系上胸口的围裙又解了下来，而后粗鲁地重新系在了下肢上。卡尔本来希望银质的餐具能让这些野猫心怀敬意，可赫克托用餐刀很响亮地在餐盘上敲了几下之后，就把它扔一边去了，直接伸出爪子开始撕扯鳕鱼，大口往嘴里塞。

更可恶的是，对于儿子的粗鲁无礼，薛西斯一直视而不见，他保持着端坐的威仪，好像一只真正的狮子在望着他的领地，这里面的一切都是理所当然。

卡尔又端了一盘烤鸡腿上来，紧紧盯着野猫一家，看看他们是否能学会规矩。只见杰里科已经在朵西的示范下不再把盘子弄得叮叮响了，并且随时会擦拭胡须上的油污，他戴着围裙的模样看起来是个真正的绅士。薛西斯倒是能给卡尔一些面子，他不系围裙，也不用餐刀，他让杰里科给他切肉，并不自己动手。但赫克托还是老样子，他把一只鸡腿大嚼几口之后，就把骨头恶心地扔在了桌布上。

卡尔尴尬地笑了笑，就和薛西斯攀谈起来："薛西斯先生，你们从未想过使用餐具来进食吧。"

薛西斯抿了一口葡萄酒，停了下来："餐具是人类的东西，我们没有必要和他们一样。"

卡尔摆弄着手里的餐刀，看着那上面海藻的纹饰在灯光下变幻，认真地措辞："尊敬的弗雷部落族长，我很尊重你们的习惯，但你们不认为人类所建立的秩序更美好？"

薛西斯干脆放下了酒杯，哈哈大笑起来，他笑起来有点可怕，连杰里科和朵西温情脉脉的对视都被打断了。

"恕我直言吧，你眼中的美好品质，对我来说是对猫族的侮辱，我认为，保持猫族的尊严是更美好的事情。"

卡尔一直担忧这顿晚餐会不欢而散，但又无法放弃辩论的权利："先生，你可能误会了我的意思，人类对我们从无恶意，我们的祖上曾经比他们更高贵，但我们现在应该是他们的学习者。"

薛西斯沉默了一会儿，他在回忆一个答案，这个答案其实他早已有之，并且熟记于心，他在想的是该如何去表达它："尊敬的卡尔先生，我用一个比喻来给您解释吧，也许你们过得比我们轻松，但我认为你们在精神上是低我们一等的。比起你们家猫来，我觉得我就像森林里的老虎，而你们的处境，并不见得比一只牛更好，人类供养你们，只是目的不同而已。牛无论劳作和享受，都被动地听命于别人或命运的安排，也把这些看成是神圣的旨意和高贵的生活。老虎呢，则认为他就是神，他就是自己的主宰，别无他物，他不相信命运，一切由他自己来安排。更多的猫连你我都不如，他们全是婴儿，婴儿对周围环境和自己的处境都一无所知，拿人类的话来说，婴儿就是活在当下，享受现在。"

卡尔一时不知道该用什么样的方式反驳，赫克托讥诮地望着他，做了一个鬼脸："他们就是喜欢被人捏着脖子上的皮提起来，然后把他们毛和指甲剪个精光，给他们喂吃了不能生育的药，从来不知道反咬一口……"

薛西斯放下了那把叉子，叉子撞在了桌子上，他再把脖子往前伸展，诡异地望着卡尔说："所以，我就是那头老虎，而你是牛，朵西则是婴儿，当然，我的孩子杰里科也是……谢谢你这样辛苦做出丰盛的晚宴。"

这顿晚餐果真就这样不欢而散了，在他们走之后，朵西和卡尔谁都没有心情去摆弄那架钢琴，也没有去做那个关于音乐的心灵游戏。他们默默地收拾残局，这顿晚餐让他们认识了野猫们不可撼动的野性，那种野性是抗拒、是挣脱，卡尔甚至怀疑，他们究竟是否和自己是同一个物种。

最后，他们丢弃了杰里科一家带来的礼物，那是由赫克托提着的老鼠干，一共四只。

薛西斯关于老虎、牛、婴儿的比喻出自尼采，尼采原著的比喻是狮子、骆驼和婴儿。这个比喻的核心意义在于人类精神有高下之分，薛西斯说的老虎，也就是尼采所说的狮子，就是人类精神的巅峰，这是构成尼采超人说的基础，他主张人类自身即是信仰，通过努力可以发展出超人来挽救人类自身可悲的退化。超人既是最高理想，也是最高人格，是最高道德和人类发展的目标。

四

爱情闯进地下铁

　　如果没有爱情这回事，所有家猫都会对自己的理性和自律自信满满，何况卡尔还是一只真正的摄猫，一只家猫哲学家。可他快被朵西的爱情给逼疯了，他从自己的知识里找遍了各种理由，都不能说服自己同意朵西和一只野猫在一起，他已经看见了那可怕的结局：朵西成了野猫，再也学不进一个字，她会产下一堆长着杂驳黑斑和黄斑的猫崽子，杰里科会让他们从小学习撕碎老鼠，他们的主人会一怒之下把他们全家赶走，包括卡尔……他有时候想着这些会独自失态，情不自禁骂出声来："啊，这些可恶的猫杂！"

　　他内心长远的打算，是让朵西成为一只摄猫，那非常需要运气，虽然目前他还看不到朵西的天赋，而且摄猫并不是每一代都能出现，经常要过上好几代，摄猫是上苍给所有猫族的礼物，那总是出现在一种神秘的时刻，一只猫偶然闯进了人类意识的缝隙。

朵西能够记住上百句关于爱情的格言，比如苏格拉底的"暗恋是世界上最美的爱情"，比如斯宾诺莎的"情欲是一种必然，但受情欲支配可不是一种必然"，罗素的"只有自在的爱情，才能生长得枝繁叶茂"。

但只要外面响起了野猫在树叶上走动的沙沙声，伴随着月亮而响起的哀鸣声，这些话就会成为一堆毫无意义的音节，倒是杰里科时常在附近发出沉闷的吼声更有意义。有时候朵西听见麻雀翅膀在树枝上扑通作响，她就会烦躁不安，任何书籍和音乐都不能让她安静下来。她不停地溜出去，看到底是不是杰里科，有时候出去很长时间后才回来，那就必定是杰里科了。

那一次卡尔正在给她讲述何为理性之爱，朵西隔着玻璃窗缝隙捕捉到某种声音，又找借口溜了出去。她穿过那条秘密通道，从一群玩轮滑的孩子中穿过，中间被一只雪纳瑞犬狂吠了几声，然后她攀上了一株杨梅树的树枝，再勉强够到了另外一株朴树的树枝，从那里跃上了围墙，然后抓着围墙的砖棱攀缘下去。

她以前做这些事情可并不熟练，是杰里科教她的。

那时候的日落花园是一团漆黑的，偶尔有戴着发光头饰的女孩从旁边路过。朵西用她柔软的小鼻子碰了碰杰里科的鼻子，杰里科的鼻子又黑又硬，还有一种她从未闻过的食物的味道。于是她又试图去碰杰里科的脸颊，他的脸颊有厚厚的绒毛，但贴得太紧了也会感到不舒服。他们玩够了这些游戏之后，就蹲在废墟的最高处眺望，那个城市的西方有一座小小的山峰，山峰上有一座塔，塔上顶着一颗叫做南方之心的灯球，灯球会经常点亮，根据节日的不同呈现不同的色彩，有时候就干脆是一颗真正的心形。

这天晚上那里发出了柔软的黄色光芒，山上有雾气，雾气让这光芒长出了细密的绒毛，就和他们身上的一样，他们在打赌那个灯球会不会换一种光芒，但过了很久也没有换。等潮湿的冷风吹过来的时候，朵西哆嗦了一下。

"来，朵西！"杰里科突然跳到废墟边上的一棵大樟树上，樟树的枝干很粗，他却找了一根最柔软的枝条，把尾巴在上面绕了一个圈，然后倒悬下来，"来，像我这样！"

朵西小心翼翼地沿着杰里科爬过的那条路线，站在了那根树枝上，树枝弯得更加厉害，可杰里科满不在乎，还在不停地做着屈体向上。朵西用爪子踩了踩枝条，犹豫了一下，也把尾巴在上面打了个结。

所有的猫都有顽皮的天性，在畏怯与顽皮的较量中，得胜的往往是顽皮。

两只猫就这样得意扬扬地仰望着天空，看着樟树颠倒了，模糊的月亮在他们脚下。

杰里科突然扯了一下朵西的尾巴，然后松开了自己的尾巴，朵西尖叫着，他们一起坠落。但杰里科冷不丁地用一只爪子抓住了低处的枝条，用另外一只抓住朵西，他们又可以继续晃荡了。他们闹出来的躁动惊醒了正在巢里打瞌睡的灰喜鹊，灰喜鹊发出一连串响亮的咯咯声，然后更多的鸟类也被吵醒。

等他们在树上也玩够了，又回到了街道上，杰里科说这里都是弗雷家族的领地，一直延伸到那里——

那里是一个地铁站出口，亮着很刺眼的白光。

"你去过那里吗？"

"从来没有，薛西斯说，那里什么都没有，说不定还会送了命。"

"可我想去，你看那么多人都在往里面走，怎么会什么都没有呢？一定有好东西。"朵西伸出一只爪子，拍了拍杰里科的脖子。

他们同时向那里跑去，飞快地跑进门口，然后从自动扶梯上往下飞奔。

"啊，猫咪！"扶梯上的人都在惊呼着，有人试图伸手捉他们，可他们光滑的皮毛在裤腿上溜一下就不见了。

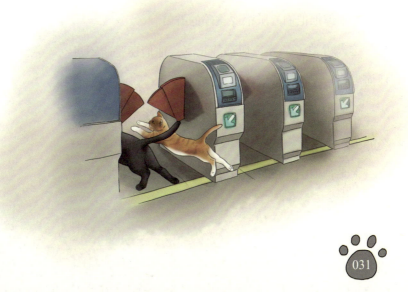

他们跑到了一排闸机那里，两个穿着制服的人冲着他们大叫大嚷，于是他们就从闸机下面穿了过去，一直跳下隧道。

"天啊，猫咪！"很多人都朝着隧道张望，他们就赶紧往隧道更深更黑的地方跑。

等跑到听不见人声的地方，他们闻到了很难闻的味道，那是各种金属和橡皮发出来的，远处还有电火花噼噼啪啪地响。正在他们犹豫着该往哪里跑的时候，地面开始颤抖起来，一束带着热浪的白光汹涌而来，地面抖动得更加厉害，铁轨在咯吱作响，扭曲，然后所有的金属都在互相挤压，发出尖叫声。

他们听不见彼此的叫声了，只能惊恐地靠在一起，紧紧贴着满是灰尘的墙壁。铁轨的响动开始变成了有节奏的，像把他们心脏都要震碎的鼓声。

这太可怕了，等一切都静止了，他们还是听不见任何声音，于是，他们就从来路跑回去。

等他们回到站台的时候，那里安静得很诡异，居然一个人也没有。

于是，他们又匆忙跑上扶梯。在出口处，有一个穿制服的人在试图给闸门上锁，在闸门落下前的一瞬，他们埋头钻了出去。

那个人也被吓了一跳："啊，该死的猫咪！"

爱情不但是所有哲学面临的最复杂问题，也是所有哲学家面临的最复杂问题……有的哲学家会对它采取少谈为妙的态度，比如尼采，比如犬儒主义的哲学家。乐于谈论它的哲学家，比如卢梭，比如罗素，也难以为它开具一剂灵丹妙药。于是爱情在哲学里就呈现这样一副可怜的模样：一方面那些最富有思辨、夸夸其谈的哲学家，自己反而会被它折磨得死去活来，有人终身忍受难言的痛苦。那些试图在哲学里寻找爱情答案的，等他们真正找到并且做到的时候，往往就已经老了。照这样，爱情还不如到诗歌、到小说、到神话里去找更靠谱一些。

五

猫捕来了

这初生的爱情不但不能使朵西去专研爱情的学问，反而越来越远离它。她在家里翻腾各种可以带给杰里科的礼物，每天要洗上两次澡，对着镜子顾盼生姿。她以这些举动直接对抗卡尔：爱情是一种技能，绝非一种知识。

卡尔是从内心深处厌恶那些深夜在外晃荡的野小子，他们无教养可言，只知道杀死小动物和争夺配偶。于是，他就拿出以前的把戏来吓唬朵西。

他说那些野小子为何总是突然整夜喧闹不休，而又会集体消失得无影无踪？那是因为猫捕又来了，只要有一只猫遭了猫捕的毒手，其他的猫就再不敢深夜出窝。

猫捕的事情最早发生在古罗马，主神殿山广场突然出现了一个大洞，一位全副青铜甲胄的将军明明注意到了那个大洞，还是连人带马被一种神秘的力量拖了进去。后来人们在旁边架起了围栏，但这挡不住猫的好奇，一群野猫在深夜里围着那里打转，他们转了几圈之后发现并无异样，就想离开。这时候，他们却无法离开了，他们被神秘的力量吸住，脚步一直往下打滑，离洞口越来越近，铺地的石板也越来越倾斜。最后他们无法抓住石板，纷纷掉入洞中，发出瘆人的惨叫，让整个罗马城都听见了。

罗马人后来费了十七年时间才把那个大洞填满。但猫失踪的事情还是不断发生，很多老猫失去了自己的儿子或者女儿，却从来没有猫知道猫捕长得什么模样，因为所有的失踪者再也无法回来讲述。

朵西瞪着亮晶晶的眼睛，耐心听着卡尔讲完这老掉牙的故事："卡尔，经验论者不是都说，不要相信任何自己没有经历过的事情吗？"然后，她摸了摸刚刚精心打理好的前额，照常出门去了。

那是日落花园经历过的数十个夜晚中最特殊的一个，杰里科矗立在那里，因为期待，他的眼睛爆发出比平时要强烈得多的光芒，像两盏淡黄的小夜灯。因为他一直保持一动不动的姿态，路过的人都以为那里是一个玩具，一个被丢弃的还能够勉强发光的电子产品，全然想不到那是一只精力已达鼎盛而且野心勃勃的雄猫。

他从街道对面树叶的响动中，就知道朵西已经爬过了墙头，然后她的身影出现在街边了，在她打算横过马路的时候，有一辆小号的厢式货车也开了过来，于是朵西就蹲在路边不动，这是任何一只有教养的猫都会做的事情。可奇怪的是，那辆小货车似乎也在礼让朵西，速度放缓了，它驶过朵西身边，才猛然加速朝前开去，比它之前的速度还要快，引擎发出刺耳的转动声。

小货车离开了，杰里科却看不见朵西，他本来以为朵西会在它的后面横过马路，可什么也看不见。他开始呼唤了两声，可是什么回音也没有，于是他跳下了房子，来到街边——他现在可全明白了，他又大叫了两声朵西，那叫声绝望又凄厉，和那些在打斗中发起垂死一击的猫并无二致。

然后他朝着小货车的方向开始狂奔。在跑完这条直街之后，他确认自己是对的，风里还留着朵西的味道。于是他就毫不犹豫地启动了身体里所有的能量，开始加速，他看不见小货车了，但他明白，要赶在这气味消散之前追上它。

他转上了一条平时卖衣服的街道，那里还有人在打扫街边。然后通过一个十字路口，又上了另外一条街。这条街可和刚才那条完全不一样，这里灯火通明，红红的灯笼和彩纸成串地悬挂在路边，到处都是热气腾腾的，人们聚集在一起，啤酒的泡沫四处流淌，大盘子里盛满了堆成小山的炸鱼、虾子、螃蟹、各种骨头……食物的气味非常刺鼻，辣椒味、大蒜味、胡椒味，这些气味对于杰里科简直就是魔障，因为他得从中分辨出朵西的味道，这个事情猫族做起来比狗要难得多。他同时还被自行车、三轮车、小轿车不停逼迫，一下子在马路中间跑，一下子又得从成排的餐桌和椅子下通过。

他曾经跳上了一个椅子背，然后从一个人的肩头一跃而起，落在了餐桌上，打落了一个盘子和两只碗。盘子里的热油溅到了他的小腹上，火辣辣地疼，他也顾不了那么多了，又灵巧地跳上了另外一张桌子，从它的边缘飞速地跑过，桌子边的女孩惊叫起来。

"疯猫啊，那是只疯猫！"

叫声让前面一大排的餐桌都骚动起来，人们纷纷举起手来抵挡，或者张开腿让他从下面通过。那只黑猫的矫健是他们从未见过的，他能够在上千条椅子腿、桌子腿和人腿之间，瞬间找到切换的直线，也能够从那些想拦阻他的人身边突然折起身体，在空中扭曲，然后落地继续向前。

但更多的桌子腿和人腿还在前面，等到杰里科觉得忍无可忍，打算跑到更危险的马路中间的时候，一个拿着铝制簸箕正在倾倒垃圾的饭店伙计，算好提前量，用那金属玩意砸中了他，他的腰部剧痛，在地上打了好几个滚，身上沾上了更多的食物和尘土，然后爬起来继续奔跑。

前面还有一个伙计，正拿着一个箩筐等他跳进来。但杰里科在爬起的同时就看见了，他折回街边，顺着一个铁杆子爬上了一个通红的大棚子，棚子下面满是食客，他们都听到了头顶传来飞速的嗤嗤声，等他们张望的时候却什么都没看见。

就这样，他在那些绵延到很远、连成片的棚子上奔跑，从一个棚子跳到了另外一个棚子之上，有的食客看到了一团鬼魅样的黑影在顶上快速移动，那撕扯布匹的指甲像把小刀一样，把这条街从头到尾划出细缝来。

跑出了这条食街之后，杰里科的速度就慢了下来——倒不是因为他跑不动了，而是他快找不到那气味了。微风有时候送来樟树的气味、橘子树的气味、夜归的女孩的气味、桂花树的气味，这些气味有的属于朵西气味的一部分，有的则属于其他夜猫的气味，而朵西的气味就越来越淡了。

在所有的十字路口，他都越来越犹豫，甚至幻想停下来后，能够看见那辆小货车路过。就这样，他穿过一个满是各种学校的区域，又穿过了一个别墅区，那里面据说有全城最为高贵的猫类，还有一片布满各种小作坊的区域，那里面满是各自为生的流浪猫。

曾经有几只夜鸟蹲在树上，迷惑地望着他——这只野猫现在感觉到油污里辣椒的力量了，他那被重击了一下的腰部被热油烧穿了皮肤，热油在他的肠子里沸腾起来。他在地上打了几个滚，想清理下那油污，却发现爪子也在火辣辣地疼，厚厚的指甲被磨掉了不少，掌上的角质层也磨掉了不少。

现在，朵西的气味可是一点也没有了，他真的不知道该往哪里去了，于是他眯上眼睛，想确认那可怖的一幕——朵西和小货车相撞的一幕，但有几只蚂蚁黏在他的伤口上噬咬，提醒他这里完全是一个陌生的地方。

于是他又爬了起来，勉强往有着白色星光的方向走去，那里有更宽广的公路，所有汽车都会汇聚到那里，然后开始加速狂奔。

在没有经验和实证的前提下，谈论妖术的人会喜欢猫捕这样的传说，在新柏拉图派和普罗提诺那里，妖术可能是异教的神灵所制造的，黑格尔转述他们的论述如下：第一个和最主要的神灵的名字是基于神灵自身的。神圣的思想从它自己的思想制定出名字，揭示出神灵的形象；之后，每一名字好像是创造一个新的神灵形象。妖术会通过某些名字和符号唤起神的无私的善，使它呈现在艺术家之前。同样地，思维的科学也经常会有妖术的魔力，比如通过对于音调的结合与分开，音乐能够使神的隐藏着的本质映现出来。

照这样看来，神秘主义不但不认为妖术是妖，反而认为也是神了。当猫捕这样的名称被创造出来之后，它的本质究竟是什么反而不重要了，就凭着这个名称，它就获得了横行于世的地位。

六

伊壁鸠鲁与鱼

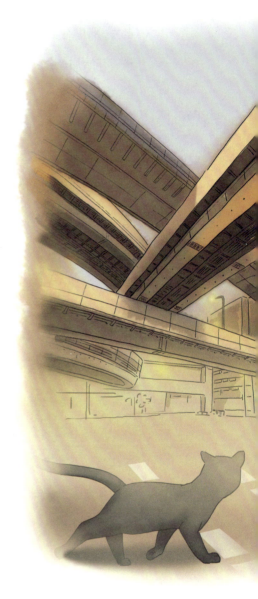

那个有很多条公路汇聚的地方在发出巨大的噪声，哪怕此时已经过了深夜，也有无尽红色尾灯的河流涌向那里。那里看起来很近，可杰里科走了很久都走不到，他的尾巴无力地耷拉着，左后脚掌嵌上了一块玻璃碴，开始一瘸一拐。

等到快到那里的时候，他才吃惊地发现那里太大了，有九条也许是十条公路汇聚，它们有的拧成了圈，从空中飞过，有的打成了绳结，一条绕着另外一条，还有一条是笔直的，向大地很深的地方凿出凹槽。所有引擎的轰鸣都拥挤在那里，所有的方向、速度、人类的目的，也拥挤在那里，大地的颤抖永远不能分辨是哪一辆汽车所引起的，更别提朵西了。

他犹豫了一下，是否要走上那绳结一般的公路，这时候一辆运鸡的大货车从他边上掠过，那简直是一个可怕的怪物，巨大的轮胎带起了很多碎石头，排气管的尾浪熏得他直流泪，接着后面还有更多的大货车。他感到非常恐惧，于是就爬到一旁躲避，发出了阵阵的哀鸣声。

他感到饿极了，也渴极了，也许再来一队大货车，他就再也爬不动了，更别说爬到那么多纠缠不清的公路上寻找什么了。于是他就摸索着往前爬，等他顺着桥墩，爬过最低的那条公路的时候，发现下面还有一条小河。

他走到河滩，喝了几口水，然后把火辣辣的后脚掌在里面浸了几下，感觉舒服了一点。可什么吃的也没有。那些喧闹都在他的头顶上，这里是另外一个世界，倒映着橘黄色的路灯和桥梁巨大的黑影。一阵风吹过，灯影开始闪烁起来，让他想起在日落花园看到的南方之心，于是，他趴在河滩上开始睡觉，并试图做梦，希望在梦里能找到朵西。

也不知过了多久，他醒来了，这时候太阳明晃晃的，他在河水里看见了一头野兽，额头上的皱纹像深渊样裂开了，不知名的小虫子围着那里飞舞，身上有一些血污和辣椒的混合物，还有不明来历的黏糊糊的东西，在毛发上硬化结成块了。

他突然想起他是追逐朵西的气味来到了这里。这里如此陌生，是一个繁忙的道路迷宫，他还看到了那种运鸡的大货车，无数的鸡翅膀在里面可怜地扑棱着……透过那个倒影，杰里科看见河水里有很多的小卵石，卵石的缝隙里有一只比蚊子大那么一点的小鱼。他试着用爪子去捞，可爪子进了水之后，并不是鱼所在的位置。他又试了好几次，河水好像有魔术一般，能让鱼溜走，让爪子失准。

疲惫重新袭来，他就枕着自己的前爪开始发呆，然后就莫名其妙地流下泪来。

等他哭够的时候，就听见背后传来亲切的咪呜声，他回头，看见了一只胸前有一颗白星的灰猫在对着他微笑，那是只雄性的成年公猫，体型瘦弱，但很健康，毛发显得干净舒适。

"啊，年轻人，你为什么这样难过呢？"

杰里科不好意思地也想对着他笑，脸上却是僵硬的，他又发现河滩上还有三三两两其他的猫，一起大概有十来只，他们居然没有任何两只是一样的，有脑袋像和尚的折耳猫，有长着碧绿眼睛的蓝猫，有玩具一样的布偶猫，有很淳朴的狸花猫……他们显然不是来自同一个家族，他们唯一的类似之处就是都瘦弱而健康，现在他们都用同样的微笑看着他。

那只灰猫友善地伸出了爪子："你可以把我们当朋友的，说吧，我们会帮助你的。对了，我叫奥尔穆斯。"

"我的朵西丢了，她是背部橘黄色的家猫，我看见她被一辆小货车抢走了……"那些颜色各异的猫听见他在说话，慢慢都围拢过来。

奥尔穆斯慢慢听完了他的故事："你现在的问题

不是找到她，而是你太饿了，你已经没有力气去找了，来吧，我们去弄点吃的。"

杰里科顺着河滩跟着奥尔穆斯慢慢走，他不时看见河水中那种只比蚊子大那么一点的小鱼在石头缝里游荡，最大的也只有蜻蜓那么大，奥尔穆斯说这条河只有这一种鱼。其他的猫就跟在他们后面，他们走得很慢很优雅，仿佛这不是在饿极了之后去进餐，而是饱餐后去漫步。

杰里科说："我捉不到这种鱼。"

奥尔穆斯说："照你那样肯定捉不到，鱼在那儿！"

河边有一个用比较大些的卵石围起来的水坑，奥尔穆斯说鱼一旦游进那里，就再也出不来了。他们一起围着水坑去捉鱼，捉来的鱼都不吃，而是先放在一起，他们不捉那种很小的，而是捉有蜻蜓那么大的，一共只捉了三十来条。

奥尔穆斯开始分配鱼，看样子他是这个部落的酋长，每只猫只有两条。杰里科想，这还不够我们平时吃一口的呢。奥尔穆斯给了他四条："你很虚弱，该多吃点，下一顿你就和我们一样了。"

"啊？你们一直都只吃这么一点吗？"

"是的，可能你不能理解，因为你们平时都吃很多，你们从不实验一下，到底吃多少就能保证下一顿之前都不会饿。其实只要这么一点就够了。"

"但是，你们不认为吃饱点会更舒服吗？"杰里科两口就吃完了他的鱼，继续问。

"我们认为，那种舒服是多余的，如果吃多了一点，猫也会感觉有多余的精力需要发泄，他们会打架、偷盗，打别的母猫的主意，所以，准确地控制食量是非常重要的……"

杰里科看看其他进食完的猫，看起来每一只都心满意足，蹲在石头上晒太阳，一动不动，生怕一动就马上会让他们这一顿白吃了一样。这真是非常奇怪的一群猫。

奥尔穆斯说，他们确实都没有血缘关系，是因为共同的生活目标而聚集在一起，那个目标就是追求快乐，他们认为保持健康的身体，悠闲的生活，从不招惹任何事情，才算真正的快乐。要做到这一切，只需要两种物质就够了，小鱼和水。

这可和杰里科的家族太不一样了，杰里科的父亲总是野心勃勃地想不断扩大领地，征服别的部落，他常常挂在嘴边的是，那些家伙有着卑贱的灵魂，不配做一只野猫，必须收拾他们。而且，弗雷部落总是吃得尽量多，如果只有小鱼和水，连盐和糖都没有，面包也没有，更别说肥嘟嘟的老鼠腿了，他们会疯的，他们得保证有力气去打架，有力气去繁衍。

杰里科还发现了一个更奇怪的地方，这里全部是雄猫，没有一只雌猫。怪不得他们对自己的爱情无动于衷呢。

奥尔穆斯解释说："对于我们来说，友谊比爱情更重要，我们完全不需要爱情，爱情会让猫疯掉，忘记所有的智慧，因为爱情，猫会变得自私而残忍，爱情的后果会衍生出无尽的烦恼，就像你父亲那样永远争斗不休……"

杰里科打断了他："他可没说是因为爱情。"

"但是，如果他是一只独来独往的猫，肯定不会有那么多野心。我接着和你解释，爱情从来不会给猫任何好处，如果它没有伤害到猫那就是万幸了，所以，年轻人啊，忘记你的爱情吧，请加入我们吧，我们有的是友情。"

这时候奥尔穆斯突然站了起来，热情地朝前伸出两只爪子，眼睛里面满是异样的期待，把杰里科吓了一跳。其他的猫仿佛听见了命令，对他做出同样的动作，齐声重复刚才的话："忘记你的爱情吧，请加入我们吧，我们有的是友情。"

但这根本无法打动杰里科，因为他听得似懂非懂，从来没有猫给他讲过这么深奥的东西，朵西也没有。

他心里的困惑太多了："奥尔穆斯，谢谢你的好意，我真的不明白，一只猫只有友谊，小鱼和水，怎么可能幸福。"

奥尔穆斯对他的拒绝并不生气，而是继续保持那种友善的微笑："喔，你让我想起我母亲来了，我母亲年轻的时候也不相信，她追随我父亲流浪了很远，受了很多苦，后来有一天我父亲不见了，于是我们就在这里安了家，我母亲说这里挺好，我们可以活下去，于是，我就在这里长大，并且相信有这里的一切就足够了。"

杰里科听懂了一点，又想起了一个问题："但是，如果有人不让你们过下去你们会怎么办，比如，洪水来了，野狗来了，还有人要霸占这里，你们会连小鱼都没有的。"

"孩子，我们会祈祷的。来吧，兄弟们，休息好了，让我们开始一起祈祷吧……"

这个答案简直让杰里科失望透顶，他再次表示了谢意，准备离开了。这时候，有一个少年牵着两头羊来河滩吃草，这群猫远远地看着他，打算躲避他，转移到桥下去。

杰里科跟着他们走了一阵之后，奥尔穆斯说："我尊重你的选择，好孩子，去找你的爱人吧，你可以从那边走，就是沿着河的那条小路，千万不要走上面车很多的那种大路，因为，我曾经两三次看见过有鬼鬼祟祟的货车从小路开走，他们不是什么好东西，如果走大路一定会被人拦截的。孩子，我为你祈祷，祝你走运……

在古希腊的哲学家中，伊壁鸠鲁具有一种迷人的浪漫主义光芒，他既不像亚里士多德那样庞大和沉重，也不像芝诺那样充满令人厌烦的诡辩，他提出快乐是人生唯一的目的，节制是实现这种目的的简单方法，他在花园里完成了他的学说。如果说柏拉图的《理想国》充满了人类的宏大构想的话，伊壁鸠鲁则是充满了个人的小志趣，他排斥社会制度伦理系统等一切"惹是生非的东西"，这样的哲学适合诗人去解读，后世也真的有一位大诗人爱尔维修终其一生为伊壁鸠鲁做着解读，写下了大量的哲理诗。我们今天了解的伊壁鸠鲁，大多数都是来自爱尔维修的诗，伊壁鸠鲁的原著只剩下少得可怜的残篇。他的生活至今仍然以"快乐无罪"这样的面貌到处流传，但他主张的"面包和水"恐怕就会让很多人望而却步了。

数学狂猫

　　杰里科沿着奥尔穆斯所说的那条小路走了一阵之后，就相信他说的肯定是真的了，那条路蜿蜒了一段，就离开了河边，拐进了一片密林中，路边长满了落满灰尘、橘叶的硬邦邦的芒萁草，路中间布满了暴雨后形成的泥坑，还有很多各种动物的粪便，看起来这是一条只有盗贼、逃犯、野狗和流浪猫才会走的路。

　　已经是中午了，杰里科又感到了焦渴，路边有很肮脏的水，他不敢喝，只能忍着继续往前走。之前吃掉的四条小鱼实际上只能支撑他走三四百步的，现在，他感觉到了自己脊椎骨的分量了，它在不停地往下坠。他要努力维持住自己的越来越下垂的腹部，不至于倒在这里。

等他快支持不住的时候，他开始后悔了，应该留一点力气去捕食的，于是他爬向密林，试图能找到老鼠什么的。等他钻进灌木丛的时候，身上又扎上了很多小刺，现在他成了一只真正的流浪猫了，而且奄奄一息。

隔着厚厚的灌木，他听到林子里有一些哗哗的响动，他觉得那里应该有某种动物，如果是蛇和老鼠，就拼尽最后一丝力气发起进攻，如果是狐狸之类他就躲进灌木丛。于是他透过灌木的缝隙去看，那其实是一只白猫，背上有黑色格子的图案。

那只猫坐在一株大叶玉兰树的底下，玉兰的叶子纷纷往下掉，他把一大把蟋蟀草放在厚厚的树叶子上面，然后从草里专心致志地剥草籽，屁股不时挪动一下，哗哗声其实是那些叶子发出来的。

他每剥一阵后，就去数旁边一只破盆子里堆放的草籽，破盆子旁边还放着一本旧书，"4756，4757，4758，4759……"他数得非常专注，好像那就是全世界唯一一件可以干的事情。

杰里科不敢贸然打断，只能忍着继续看他到底在干什么，谁知道这家伙竟然没完没了，林子里都有些暗了，他还在数。

杰里科只好勇敢地钻了出来："先生，您好，我叫杰里科……"

那只猫却没有看他一眼，好像早知道他的存在似的，"7334，7335，7336……"他继续数了一阵之后，才停了下来。

"啊，你好，小伙子，你从哪里来？我在这可是好久没有遇到另外一只猫了。"

"我从弗雷部落的领地来，走了很久。"

那只猫听见弗雷部落，若有所思，拿出身边那本书来，飞快地翻动着："啊，弗雷部落，对。就在这里，让我算算，从弗雷部落最近的领地到这里是 79.564 公里，天啊，你走了这么远。"那只猫又打量了一下杰里科："你的身体大概是 57 厘米长，不含尾巴，那么你的每步大概是 25 厘米，你走到这里一起需要——需要 331516 步！我的天啊，你可真能走的，让我再算算，你需要一个小时进食，然后六个小时睡觉，考虑到你的脸色，你可能只睡了三个小时，那么，你到达这里需要……"

杰里科听得快要疯了，只好打断他："先生，对不起，我是想求您帮忙。"

"喔，你叫我图尔特好了，你想让我帮什么忙？"图尔特听了杰里科的讲述，似乎来了兴致："你告诉我那个姑娘是什么时候不见的……好吧，我见过那种小货车，他们在大路上的时速是 70 公里，这里只能开 30 公里，在街道上，我想想，夜晚的街道，如果他们想很快逃跑的话，可以开到 60 公里，那么，很遗憾，如果不停下的话，你的朵西现在离你至少有 1100 多公里了……但是，但是他们也得吃饭啊。"

杰里科只好再次打断了他："图尔特先生，能不能告诉我哪里有东西吃。"

图尔特推过来那只破盆子："来吧，这里就有，一共是 7576 粒，我们每个人可以吃 3788 粒。"

蟋蟀草籽的味道相当可怕，吃下去就像吃一把针头那样，而且有一种纸浆的味道，杰里科只吃了一口就无法再继续了，图尔特却把那东西嚼得咯吱作响，他的牙齿可真好啊，应该是另外一个物种，完全不像一只猫。

现在，杰里科只想赶紧离开这个怪物，可图尔特又拉住了他："小伙子，你如果胃口不好，我这里还有别的吃的。"

他就领着杰里科往密林深处走去："听我说，小伙子，你的那个朵西，对，她就叫做朵西，如果你计算不到她现在在哪里，你就永远找不到，这件事情不能计算的因素太多了，所以你应该放弃了。对于我来说，全世界任何事情，如果用不到公式，也得不到准确的数目的话，那就是完全不靠谱的。你看，这就是我的领地！"

这里的景象比之前的要美丽很多，磨盘草举着杯子一样漂亮的果实，图尔特说春天它的黄色花朵会更漂亮，还有巨大的芋头叶子，和铺成了毯子一样的荒蓉草。"植物就是不说话的数学家，你看那菊花的花瓣是多么完美的螺旋，你仔细看它们，它们隐藏着一个伟大的无穷数呢，如果把它写下来，它就会像彗星那么长，像银河系那样打着转……还有那种梅花，简直就是用勾股定理做成的。还有一些虫子也是，我还在这里发现了有一种虫子每隔七年才繁殖一次，你知道为什么是七年吗？因为七年是一个质数，那些两年繁殖一次的天敌遇不到它，三年繁殖一次的天敌也遇不到它……"

他一路都是这样喋喋不休，好像很久没有和猫说过话了，声调里充满了感染的力量，可杰里科对数学一无所知，他只觉得这里有些他从未见过的植物很恐怖。有一棵大树垂下了很多像胡须的藤蔓，就像扎进大地的吸血鬼那样，还有一棵树被一根蟒蛇般的巨藤勒住身体，正在慢慢死去。它已经死亡的部分，布满了绿色的小蘑菇，大量多足的昆虫，在蘑菇之间游走。

不知名的大鸟被他们的脚步声惊飞，图尔特得意扬扬地欣赏着他的领地："这里很不错吧，你尽管可以留下来……等到明年我们可以存储上一百万颗草籽，我这里还有1765只蟋蟀，它们也可以做你的食物，你可以在这里活得好好的，我可以开始教你数学，它可比任何母猫都有魅力。这里还有14棵蛇莓草，但我从来没有看见过蛇，你看，在那些灌木里有一个老鼠窝，今年春天的时候我去看过一次，它们刚生下10只老鼠崽子呢，10只啊，如果有别的老鼠来和它们交配，一公加一母，一年二百五。老天啊，现在那里应该有上千只老鼠了，小伙子，那就是我要告诉你的食物，可是你现在疲惫得像一只死猫，你打得过一窝老鼠吗？"

这时候，那蔸灌木的下面先发出了一阵簌簌的响动，然后所有的灌木都开始了摇摆，像被狂风吹着，图尔特和杰里科同时被吓坏了。那阵狂风越来越大，先是吹到灌木旁边的一片密草，然后是远处的茂盛野菊花，那阵隐秘的风吹到那边，又马上折了回来，向他们这边飞速地逼近。

"啊，这是多么恐怖的波函数啊，让我算算，下一个，再下一个波峰会到达我们这里……"图尔特惊呼着越跑越远。

这种巨大的恐惧也让杰里科开始了逃跑。他飞快地跑过玉兰树下，撞翻了那个破盆子，草籽撒了一地，草籽的下面，还滚落出一堆栗子。然后他爬进路边的灌木丛，眼皮还被狠狠地扎了一下，经过了一番毛皮的撕扯，他终于回到了路上。

现在他感觉不到饿了，这个阴森的地方又让他爆发出了能量，朝着那条根本不知道终点在哪里的路狂奔。

图尔特一直远远地追赶他，但他根本跑不过年轻的杰里科，等到杰里科快跑出他领地的时候，他只能落在后面，发出恶毒的诅咒："你找到朵西至少需要 1451 天，我敢打赌就在 244 天的时候，你一定会死在路上！"

数学本身是不带任何伦理色彩的，无论它用来计算劳动的果实还是杀人的数量，这都和数学本身无关。因此，数学，还有逻辑学都被认为是最可靠的纯粹理性。

古希腊第一个哲学家泰勒斯就开始用数学来研究思想，数学真正进入哲学的领域是从毕达哥拉斯开始的，但毕达哥拉斯并不是像现代人一样把数学视为一种工具，而是认为数学本身就具备一种"热情而迷人的色彩"，它带着无尽的神秘，本身就可以成为一种信仰，现实的本质就是数，通过数学就可以通往至善、至美。这点对于普通人来说难以想象，可对于专业人士来说，数学确实带着崇高的道德秩序，和音乐一般的多变的魔力，它的结构也可以像建筑或者山峰一样壮观，充满了各种鬼斧神工。像图尔特这样特立独行的猫绝无仅有，而能够和他分享快乐的猫也世上罕见。

八

褴褛猫的箴言

饥肠辘辘的杰里科终于快走到这条路的尽头了，他中间抓到过一条打算游过道路的小蛇，还吃了一些他以前从未吃过的甲虫，但还是感到饥饿。现在他终于明白他的家族为何会热衷于囤积食物了，只有经历过濒临饿死恐惧的猫，距离饿死只差最后一百步或者只差一小片面包屑的那种感受，才会让他重新理解食物，并祈祷这种饥饿的恐惧在有生之年，永远不会重现。

终于，他又看见了另外一只猫，这只猫就蹲在道路的中央，那时候太阳正从树梢偏转而过，这正是所有猫类最热爱的时刻，他们既可以享受那热力，也无须面对耀眼的阳光。

　　这只猫瘦得可怕，他干燥而褴褛的皮肤紧紧地裹在肋骨之上，就像一具猫的骨骼标本，那些皮肤像标本上胡乱挂着的衣服，这使他的头颅看起来非常大。

他的四肢已经看不出毛色了，沾满了深浅不一的泥浆，他的尾巴短了一截，额头上有一道很深的伤痕。外表上他是一只受难的猫，而眼神里却充满着莫名其妙的狂喜，就像阳光刚刚把他从地狱中拯救出来一样。

他前面放着一块骨头一样的东西，那就是他所有的财富了，他珍爱地闻着它，然后抓起来欣赏下它的形状，再放下。

这时候，有三条野狗从路边钻了出来，围着他狂吠，他似乎聋了，没有任何反应，只是仍然保持着他的狂喜，翻来覆去欣赏那块美丽的骨头。

野狗见他没有反应，就围拢了过来，对着他发出狺狺的呜咽，然后挑衅般用爪子拨弄那块骨头，冲着他瞪着鲜红的眼睛。

他依然没有任何反应，那些野狗就开始对着他的耳朵大声吠叫了。

这时候他突然咆哮起来："拿走吧，赶紧滚开吧，别挡住我的阳光！"

这咆哮非常响亮，那些野狗本来以为他就是一只垂死的猫，或者又聋又瞎的猫——于是他们被吓到了，飞快地抓起了那块骨头，钻进灌木里不见了。

那只瘦猫懒洋洋地舔了舔爪子，就像刚才的事情没有发生过一样，然后他就眯上了眼睛，继续享受这最好的阳光。

杰里科并不想打搅他，他看起来帮不上任何忙，何况，刚才的事情已经让杰里科看见他的威严了，于是就打算从他身边经过。

"啊，对不起，孩子，他们把你的粮食也抢走了。"那只猫在对他说话，眼睛却没有睁开。

杰里科心里有些感动，他大脑里并没有用"高尚"这个词来形容他。

"先生，谢谢你的好意，但如果你总是这样，你会被饿死的！"

"喔，叫我库昂好了。孩子，我知道你也在为这块骨头感到心疼，但我早已经习惯了，这世上哪里没有劫掠和争抢呢？"

然后库昂睁开了眼睛，他的瞳仁是罕见的纯黑色，纯净而通透，这是他这个奄奄一息身躯里最完美的部位了。于是他们开始了攀谈。

"先生，我们家族都是为了食物和领地在殊死奋战，你为何要如此慷慨呢？"

库昂说他年轻时也曾和杰里科一样强壮，连狞猫都打不过他，他骄傲得就像头老虎。但另外一群更可怕的猫也因此而盯上了他，他落进了一个圈套，被17只猫围攻，受了重伤，然后被他们卖到一条大河中的小岛上，成了那里一群野猫的猫奴。在开始让他干活之前，他被囚禁了很长时间，一直睡在泥浆之中。他浑身溃烂，每天都用嘴去舔舐自己的伤口，每天比现在还要饥饿。他吃过阴暗地方所有种类的昆虫，觉得自己必将死去，可以肯定，是那些逞能的打斗带给他死亡。

有一天，他惊喜地发现他的牢房里进来了一只小老鼠，这只对猫一无所知的小家伙是欢天喜地进来的，它碰了碰库昂的爪子，把他弄醒了，然后冲着他吱吱地叫唤。

这本来是一顿非常可口的食物，但库昂决定在自己濒死的时候再吃掉它——它天真得有点让他下不了口。于是这只小老鼠就成了他的同伴。它吃得很少，经常是几颗谷子就够了，有时候库昂把一条蚯蚓分给它，它却只吃一半，把半条留给库昂。

突然有一天，库昂激动地发现这只小老鼠就是上苍派来拯救他的，它的行为告诉库昂，想要不痛苦是如此简单，如果不害怕饥饿，吃最少的食物就足以生存下去，如果不怕死亡，最简单的自由就能带来生的快乐。

后来，库昂从小岛逃了出来，就成了一只特立独行的流浪猫。他走过很多地方，却从未发现另外一只和他怀有同样想法的猫，任由欺凌，自在流浪，并且保持对猫界秩序和同类象征的蔑视。那是一种让生活降格的自由，脱掉了所有外套的自由。他接受人类和猫类所有的怜悯和施舍，但绝不允许冒犯他的尊严和自由。

杰里科听懂了他的故事的一部分，可是杰里科仍然感到非常的饥饿，于是他说："库昂先生，我会为另外一只猫去忍受饥饿和欺凌，但我完全做不到像你这样，只为自己。"

库昂眼神里流露出一丝倏忽不见的失望，然后就立马恢复了他那褴褛而庄重的尊严："如果你真的想找到她，那么请一路上保持你的友善吧，哪怕你快饿死了也要保持好，一定会有上苍来帮你的。"

库昂是古希腊犬儒主义哲学家鼻祖第欧根尼的化身，第欧根尼本人就是个蓬头垢面的乞丐，但即使亚历山大大帝也不敢冒犯他，不敢挡住第欧根尼的阳光。犬儒主义者追求脱离社会秩序，把体面的文明视为桎梏，把自身的节制和善良当作唯一的生活的目的。罗素和马克思都是如此评价犬儒主义哲学的：那是劳苦倦极人们的学问，它除了表达对世上的罪恶和不公的抗议之外，真实的内容却是一无所有。那些富人会很欢迎犬儒主义者，因为这实际上是帮了他们的大忙了。

但他们的执着仍然令人感动，希腊所有有名望的帝王、诗人、运动员、富豪、哲学家……都去探望过目空一切的乞丐第欧根尼。第欧根尼死去后，人们为他立了一尊铜像："时间甚至会使青铜老去，但你的荣耀，第欧根尼，永远无法摧毁。"

九

公园泛神论

卡尔等了两天没有等到朵西回家，之后他就得了躁郁症。他的主人吃惊地发现，那只小猫不见了，老猫也快疯了。他不再躲在主人的怀里，用爪子挠着他的毛衣，也不再依偎在他的脚下，而是把脑袋枕在他的拖鞋上。在书房里，他简直一刻也安静不了，更别说和主人一起陷入那神秘的沉思了。他在客厅里打着转，徒劳地追逐自己的尾巴，他有时用爪子痛苦地挠着自己的脖子，其实那里什么都没有。他冲进厨房，撕扯垃圾袋，在夜晚用爪子把沙发抓出难听的声音。

他有时候会望着窗外，一动不动，就像一只玩偶猫那样。

卡尔曾经出去寻找过朵西——他尝试着跑到了比日落花园更远的地方，以往他从来不会离开主人家很远。再远，就是弗雷部落的领地了。

在靠近地铁站的那头，他遇见了赫克托。

"朵西是不是在你们那边？"

"啊，先生，我们也在找杰里科呢！原来啊，他们两个是私奔了。哈哈哈，真正无耻……"

赫克托正趴在一辆白色汽车的引擎盖上，一边舔着他的肥爪子，一边嘲讽地看着卡尔。

卡尔感到一阵巨大的失望："请问你们找过哪些地方？"

赫克托说："就在我们觅食的地方，如果他们不想回来，我们根本不必去更远的地方。"这时候有一个人绕着汽车打量，企图摸一下赫克托，赫克托警惕地看着他，用舌头和鼻子发出噗噗的警告声。在那个人伸出手的瞬间，赫克托跳下来："卡尔先生，我劝你也别找了，让他们俩都滚蛋吧。"

卡尔感到更加失望了，于是，他向蓝蓓公园走去，他很久没有去过那里了，那里有他的一个朋友。

公园里正沐浴着秋天最后安静的阳光，有很多灰尘那样的小虫子在飞舞着。公园到处是起伏的缓坡，长满硕大的榆树和银杏树，还有一个大湖，湖水的边缘拥挤着半枯的荷叶。人类在这里挖出了这个湖，然后就把挖出来的淤泥和岩石堆成缓坡，在这里建造了一座横跨湖面的小亭子。于是，这里就成了野猫的乐园。现在占据这里的是康帕内拉部落，老康帕内拉领导着这个部落，他们所有的成员在每个时间段都会干同样的事情，他们在同一时刻开始捕食，同一时刻到公园大门接受人类的施舍，同一时刻平均分配所有的食物来进食，同一时刻全部去照看那些猫崽子，然后在凌晨和中午一起入睡。只有交配时除外。

现在公园里一只游荡的野猫都没有，卡尔知道他们都在树窝里躲着太阳呢。他继续朝公园最远的角落走去。

那里有一座尖顶的小山，那座山是用人类建完了缓坡、长堤之后剩下的石块和淤泥，还有其他建筑垃圾堆成的。原来的规划里并没有它，于是它就矗立在公园最荒僻的一个角落里，天长日久，上面布满植被，便没有人知道那里曾是一座垃圾山。有一次，一只流浪的野猫爬到了那个荒凉的山顶，并住在上面没有下来，并把这座小山命名为齐纳利山。

老康帕内拉允许他占据那个偏僻的地方，反正他们没有什么需要用得着那里。

由于从来没有人到那个山顶上面去，山坡上布满了雨水冲刷过的浮土，有一些由蛇和老鼠制造出来的空洞，上面堆积了一年复一年的落叶，一不留神就会陷进去，上一次来时卡尔就吃过这样的亏，于是他就尽量从那些大树的根部走过。

他的朋友巴鲁赫，一只长满了纤长白毛的老猫，正在一块很大的黑色的燧石上研磨一块厚厚的镜片。巴鲁赫把这座山称为齐纳利山，自从他发现这里之后，就再也不打算去别的地方了。

看见卡尔上来，他放下了那块镜片，爬上了那块巨大的燧石，这使得他看起来像一个修行了很久的猫长老。

"喔，卡尔，我的老朋友，你为何看起来闷闷不乐啊？"

卡尔开始讲朵西失踪的事情，巴鲁赫就边听边开始磨镜片，他只听了两句就忘掉了他问的东西，脑子里又只剩下磨镜片这一件事情了。

"巴鲁赫，你认为我该怎么办，我觉得快要疯了，我有那么多知识，可是那些知识为什么都打动不了一只被寻找的小猫呢。我非常沮丧，我感到知识毫无用处。我也曾经尝试过用音乐呼唤她回来，我在心里弹奏她最喜欢的曲子，但还是收不到她的回音。"卡尔说完之后，巴鲁赫终于停下研磨，把那块圆圆的镜片拿起来端详，他对着太阳相反的方向反复转动，慢慢露出某种喜悦。

"卡尔，现在请你拿起另外那块镜片，对着那里。"

卡尔看见燧石下面还有一块镜片，于是他就照着做了。

巴鲁赫用另外一块镜片隔着一些距离，去看卡尔的镜片："喔，天啊，只差一点就达到完美了，边缘的地方还有一点变形，那个房屋不应该有这么大。来，卡尔，你看看到底会发生什么。"

他们换了一个位置，卡尔吃惊地发现远处的景物被镜片放大了，甚至能看见最远处的田野。

"啊，怪不得你什么都不肯说，原来用这个东西就可以找到朵西！"

巴鲁赫鄙夷地看了他一眼："如果我花了那么多时间来磨镜片，就是为了去找到另外一只猫，那么你就是小看我了，我有更崇高的目标。"

卡尔说："我知道，你是想用它来找那只火焰猫，如果它连火焰猫都能找到，那么找到我的朵西就更不成问题了。"

听到火焰猫的名字，巴鲁赫的脸色变得凝重起来："你觉得所有的猫都想找到那只火焰猫吗？你认为他还活着？"

他放下了镜片，重新去打磨它的边缘，就像那是一个永远不会结束的活计。

"卡尔，在这里我很孤独，记得我刚来的时候，我每天都只能听到树叶的沙沙声和老鼠的吱吱声，当我害怕的时候我也希望真的有火焰猫，他真正能够降临来拯救我。但住了很久之后，我有了一个惊人的发现，就是无论任何猫，都无法再看见火焰猫了。"

"他去哪里了？"

"他就在这里！"巴鲁赫放下镜片，用爪子对着四周绕了个圈。

四周是茂盛的榆树、银杏树，还夹杂着一些桉树和橘子树。它们的叶子在小幅度地翻动着，汇成一条闪烁着银光和白光的溪流。

　　这样的气氛有点神秘，然后巴鲁赫又补充一句："你的朵西也在这里！"

　　卡尔又环顾了一周，树叶的底下什么都没有，只有各种植物在小声地歌唱。

　　"卡尔，这就是我的发现，你看，无论是火焰猫还是朵西，还是你，还是我，还是那些树木，我们其实都是同一种东西，从未有过谁离开过谁。我们是在共享同一具躯壳，在这具躯壳里住的是同一个灵魂，你之所以感觉到了朵西，感觉到了我，是因为我们只是那个灵魂和躯壳的不同展现而已。所以，我说，卡尔，我觉得猫族不应该再惦记那只火焰猫，你也不必再惦记朵西了，不管他们去了哪里，其实都一直与你同在。啊，其实从来没有一只猫比另外一只猫更高贵，所有的猫其实都是和那些泥土、那些小草共享着同一个意志而已，我不知道我该把那种意志叫做什么，人类有时候会把它叫做神灵，或者精神，或者存在……"

卡尔知道他说的是泛神论，它能够给那些沉溺于生死离别的猫以安慰，卡尔可以搬出一大堆知识来驳倒他，比如说亚里士多德的、康德的、培根的——但此时这样做毫无意义。

　　他要找到的是朵西，而不是安慰。

　　巴鲁赫见他毫无反应，就诡秘地笑了一笑，继续去磨他的镜片。

　　这时候有另外一只猫爬了上来，那是老康帕内拉，他对卡尔和巴鲁赫打过招呼之后，就伸出了他的右爪，脚掌的上方有一道小口子，还在流着血："巴鲁赫先生，我碰到了一个铁刺，我知道您肯定有办法的。"

　　于是巴鲁赫从他的猫窝里找出一棵小草来，把它嚼碎了涂在老康帕内拉的脚掌上，老康帕内拉颤抖了一下，然后很享受地半闭着眼睛。

　　卡尔看得出神："巴鲁赫，你真能干，我以前只知道你会磨镜片，可不知道你还会这个。"

　　"卡尔，所以我说这些植物和我们是同一个灵魂，它们熟知彼此，所以能彼此愈合，相信我，如果你善待它们，你就是在善待朵西和所有的猫。"

卡尔失望地回去了，老康帕内拉陪着他走下齐纳利山，一路上老康帕内拉都在谈论着巴鲁赫，他说巴鲁赫现在名声很大，远近受伤的猫都会到他这儿来治疗，他们把巴鲁赫叫做"猫圣"。

猫圣！这倒是个挺形象的称呼，卡尔心里突然有了些惭愧，巴鲁赫是一只多么能干的猫，他只有那么点知识，却会做那么多事情，而卡尔的知识远远比巴鲁赫多，真正遇到难题时却一筹莫展。

等他们走到公园大湖边上的时候，正是康帕内拉部落喝水的时间，五六十只猫都安静地在湖边喝水，这就是这个公园标志性的景象，很多人都在拍照，那些猫细长的身形倒映在水里，很多这样的影子叠在一起，就像水面上搭起了一座新的拱桥。

　　巴鲁赫就是荷兰哲学家斯宾诺莎的化身，斯宾诺莎一生都以磨镜片制造光学仪器为生。他最重要的哲学贡献是把精神和物质进行了统一。在以往的哲学中两者是被割裂的，有的哲学家认为是精神统领了物质，那个精神有时候被称为各种神灵。有的哲学家认为是物质决定了精神，精神世界也是物质构成的。斯宾诺莎认为世界上只有一种东西，这种东西既是精神也是物质，所有物质无非是精神的外延，所有精神无非是物质的概念。从这个基本点出发，延伸出了万物有灵这个概念，由万物有灵，他又提出了至高的善。毛姆在小说《刀锋》中这样形容读斯宾诺莎的感受："就像乘一架飞机降落在巍峨群山中的一片高原上。四围万籁俱寂，而且空气非常清新，像佳酿一样沁人心脾。自己感觉到像个百万富翁。"

　　斯宾诺莎对精神和物质的统一是现代哲学得以开展的基础，他因此得罪了教会。

十

诗猫怒了

离开那只乞丐一样的猫，杰里科走到斜日西沉，这条小路远处出现了·条溪流。远远望过去，这条溪流蜿蜒着绕过了一个村庄，于是，杰里科就沿着那条溪流继续往前走。

溪流边长满了樱花树，樱花树伸着长长的枝条覆盖了溪流，这个时节它残存的枝条已经是红褐色的了，如果杰里科愿意，他可以从樱花树上攀缘到溪流的对岸。可以想象，春天的时候，这条溪流何等壮观，那将是樱花的溪流。此时溪流发出悦耳的欢鸣，撞击着长满了苔藓的石壁，纤长的水草在里面飘动。一些蔷薇的嫩枝甚至浮在水面上。

这种美丽的景象让杰里科心情也愉悦起来，如果朵西来到这里该有多好，这里的人和动物肯定会善待她。在一个樱花盛开的地方，他想象不出有什么生灵会在那里受难。

有一种嘹亮而庄重，仿佛来自上天的回响攫住了杰里科，他从来没有听到过如此美妙的声音，那是一只白猫发出来的。溪流的前面有一块倾斜的岩石，岩石的上方有一个石洞，那只猫就蹲坐在那里，他神情肃穆地在说着什么，像是对着这条溪流在说。其实，在岩石的下方还有一队猫咪，他们毛色华丽，姿态端庄，都满怀虔诚地在倾

听，看来全部是过得很体面的猫咪。

　　杰里科听着那只猫咪的声音走了过去，心中不禁装满了同样的郑重，生怕那只神灵一样的白猫发现了他。他蹑手蹑脚地走到了那队听众的末尾，这时候他才发现在吟诵的那只猫也许并不是一只白猫。

　　他戴着一顶柳树软枝编织成的花冠，身上却像人类一样穿着一件华贵的白色披风，披风系上了领子，垂下金黄色的流苏。那个石洞好像人类的神龛一样，他就像一座神像。

　　列成一队倾听的猫咪并没有发现杰里科，那尊正在说话的猫神似乎也没有，他眺望溪流的远处，慈祥地朗诵着一首诗：

　　　　主啊，你是欧罗巴泰尔的苗裔，

　　　　宙斯之子啊，在你的脚下，

　　　　是克里特千百座的城池，

　　　　我在这个黯淡的神龛之前向你祈祷，

　　　　雕栏玉砌装成的神龛，

　　　　饰着查立布的剑和野牛的血。

　　　　天衣无缝的柏木栋梁屹然不动。

我的岁月在清流里消逝。

我是伊地安宙夫神的仆人……

排在队伍最前面的一只老雄猫听完之后，就拿着一只篮子颤巍巍爬上了那山洞。他从篮子里拿出一串散发着绚丽珠光的白色贝壳，用双爪奉上，献给了那只神猫："尊贵的卡利诺斯啊，请接受我的礼物，谢谢你的诗歌，我再也不畏惧死亡，我也相信，过去的荣光必定会让我在以后的时光里闪耀，哪怕我老得一动不能动，也将记住你的诗。"

他把那串贝壳恭敬地供奉在卡利诺斯面前，然后鞠躬离去。

排在第二位的是一只浅灰色的雄猫，卡利诺斯问他："你从哪里来？"

那只雄猫说："我从贡布雷村来，我爱上了利斯卡，我想让你为我亲爱的利斯卡写一首诗。"

卡利诺斯闭上眼睛沉吟了一会儿，然后又开始了他那摄人心魄的朗诵：

我见过你哭，你有最晶莹的泪珠，

从蓝眼睛滑落，像梦中盛开的紫罗兰，

滴下那清透的泪珠。

我也见过你笑，它让蓝宝石也失去了光芒，

因为你眼中的光芒，

就像夕阳中闪烁的云彩那样……

那个猫小伙被感动得热泪盈眶，他放下了一串用树枝串起来的小鱼，吻了吻卡利诺斯的手："我将牢牢记住这首美妙的诗，我将每夜背给我的利斯卡听，谢谢你卡利诺斯先生，我们将永远相爱，彼此满怀感激。"

这场面看起来相当动人，连杰里科都似懂非懂地被这些声情并茂的句子所感动，也听入了迷。猫咪纷纷献给卡利诺斯礼物，每一首诗之前，卡利诺斯都要问猫咪从哪里来，想要一首什么样的诗。

排在杰里科之前的，也就是倒数第二只猫是一只猫太婆，猫太婆一边听着其他猫的故事一边流泪。轮到她的时候，她已经颤抖得难以说话了，她步履蹒跚地爬到了石洞面前，结结巴巴地告诉卡利诺斯，她从盛产马德莱娜小饼干的村庄来，她想念失踪的丈夫了，她祈求一首诗，她会在夜里念给他听，哪怕他死了，他的魂灵也将为这样的诗而感动。

这个请求让杰里科毛骨悚然，而卡利诺斯似乎早已麻木了，继续用他仪式化的庄严腔调开始朗诵：

我曾有一个远去的梦境，在那里熄灭了明亮的太阳。

而星星在暗淡的天空中流离失所，

那冰封的星光啊，在没有月亮的天空下笼罩幽冥，

那些霜冻的心啊，都在自私地祈求黎明……

猫太婆听了这首诗之后开始号啕大哭，很长时间

不能自已。勉强收住了眼泪之后，她没有给卡利诺斯双手奉上贡品，而是直接匍匐在卡利诺斯面前往前爬动。卡利诺斯仍然是矜持地昂着头，他如同神灵那般高傲，如同神灵那般怜悯。

猫太婆颤抖地掏出了一块蜂蜜，这块蜂蜜是做马德莱娜小饼干的秘诀。在她爬下石坡的时候，杰里科吃惊地发现他背后一只猫也没有了，该轮到他了。

于是，他战战兢兢地也爬到那个石洞前面，说他来自弗雷家族："我的爱人叫做朵西……"

卡利诺斯看见只剩一只猫了，于是就打断了杰里科："那我为你写一首献给朵西的诗吧。"

"喔，可是她丢了，我在找她……"

"好吧好吧，我就写一首属于男孩的诗吧，愿你勇敢而幸运。"

"不，先生，我不是那个意思，我是从城市一直找到这里来的……"

"那我知道了，我送给你一首姑娘回家的诗吧。"

容不得杰里科开口，他就恢复了那种神启般的腔调，吓得杰里科再也不敢说话，心乱如麻。这首诗他什么也没有听进去，只记得"那鲜艳的面颊"这样一句话。

等这首诗朗诵结束了，杰里科说："尊贵的卡利诺斯先生，我非常爱这首诗，但我什么礼物都没有带。"

这时候，卡利诺斯才把他那梦幻般的眼神收了起来，他先是愣了一阵，然后瞪圆了眼睛："你在说什么？你就是这样骗取我珍贵的诗？"

然后，他看了看脚底下已经堆成小山的礼物，用爪子往前面拱了拱，用更加严厉的嗓门吼了起来："如果你想侮辱一个诗人的高贵，请你用别的方式吧，我也将以我的骄傲狠狠回击你。这世上所有的猫都会因为我的诗歌而感到荣耀，即使听不懂的猫也会因此而尊重我，那些粗鄙的猫、野兽一样的猫，也会为这样的诗歌供奉礼物，怎么会有你这样的猫……"

杰里科从未听过如此高雅的发怒，他被惊呆了，他只听过野猫打架时发出的只属于野兽的嘶吼声，他也擅长这样的嘶吼。这样的指责似乎比野蛮的嘶吼更加可怕。卡利诺斯像演讲般挥舞着双爪，那件华贵的长袍子在抖动着，发出叮叮的响声，原来那些长长的流苏还缀满各种宝石呢。

等他发泄完了，杰里科就学着那些猫的样子，弯着腰在他面前匍匐着，学着那些猫咪谦卑的腔调："尊贵的诗人，我感到万分的抱歉，可我从来没有祈求你写诗，我只是凑巧路过这里而已，我在找我的朵西……"

听完杰里科的讲述，卡利诺斯眼珠对着他转了几个圈，突然有了主意：这只猫看起来风尘仆仆，爪子都快走秃了，而且傻头傻脑。

"喔，是我误会了，可怜的孩子，我会帮你的，每天都有很多猫求我给他们写诗，肯定会有猫知道朵西在哪里。"

然后卡利诺斯站了起来，走到那堆贡品的前面。

杰里科才发现他的身材非常胖，现在被他堵住的洞口完全露出来了。卡利诺斯要杰里科帮他搬运贡品，全部搬到石洞里面。

原来这里面就是卡利诺斯的家，里面非常宽大，简直望不到尽头，堆满了成筐的鱼干和浆果，谷物和猫粮，各种颜色的宝石装饰着墙壁，有绿玛瑙、紫晶石、红宝石、蓝玉髓——到处都灼灼发光，还有五只半大的猫崽子呢。

杰里科惊呆了，这个洞穴比整个弗雷家族都富有啊，而今天搬进来的贡品也异常丰盛。那些猫崽子可都不是什么善茬，他们简直就是狼变的，看见有鲜鱼就开始哄抢，挤成一团胡乱地撕扯。等他们哄抢完了，吃撑了，卡利诺斯示意他坐下来，一起分享猫崽们吃剩下的。

杰里科很久没吃到过真正的好东西了，他吃得很匆忙，喉咙不断发出咕咕怪叫。看着那不争气的模样，卡利诺斯知道他在想什么。

"你很羡慕诗人的生活吧。"

"是的，简直羡慕极了，您坐在那里一天得到的东西，我们一年累死也得不到。"

卡利诺斯得意地脱下了披风："你终于明白，诗人就是这世界上最高贵的职业，那些只有力气的野猫，哪怕再勇猛对猫界也毫无价值，他们接近不了美的天堂，更别提去理解什么艺术了。至于这些物质——这些物质其实远远不能体现诗人的价值。"

杰里科完全被他镇住了。之前遇到所有的猫，都不如他那样美好，也没有他那样的雍容。但是杰里科看到卡利诺斯脱下披风、露出身体之后，又未免恶心：原来他穿上披风是这个原因——他的猫毛大部分脱落了，露着初生老鼠一样粉红的皮肤，只有一点残缺的灰毛东一块西一块地点缀，像一只没有把皮剥干净的番薯。

接下来的很多天，杰里科就在这里心神不安地当起了卡利诺斯的猫奴。卡利诺斯白天会坐在洞口写诗。杰里科就在洞里照看那堆小崽子，傍晚搬运沉重的贡品，深夜要去运水。他干的活可真多，他要把那些大的鱼干脑袋撕下来，肉撕成小条，存起来给那些小猫崽子吃。他要负责打扫那些宝石上的灰尘，给小猫们整理睡窝，还要阻止他们互相打架……在洞里，他每天听着卡利诺斯写诗，诗可是听得一清二楚的，其实翻来覆去一共只有十来首诗而已，杰里科差不多都能记住了。

卡利诺斯把这些诗运用到了极致，每次朗诵之前都问求诗的猫咪来自什么地方，然后很快地选出一首诗开始朗诵。他这样做，是避免来自同一个地方的猫咪会得到一样的诗，那就穿帮了。这就是他的把戏，他的诗都是背诵的，从来不会写新的。

杰里科为自己的这一发现暗自吃惊，但他并不觉得卡利诺斯过分，每天那么多猫咪，谁能写那么多诗啊？而且他在这里吃得很饱，每根毛都灌满了油脂，他感觉到自己恢复得比以前还好，浑身充满了力气，能一口气跑上十天十夜，找到朵西。他每天都在问卡利诺斯，卡利诺斯总是说没有得到朵西的消息，要他再耐心点。

就在洞外溪水流得很响的那个夜晚，猫诗人又收到了一大块蜂蜜，于是他让杰里科去切碎之前收到的猫太婆的那块蜂蜜，让小崽子们吃个痛快。

那只最大的猫崽子已经很懂事了，他一边舔着爪子一边问爸爸，那些蜜蜂是怎么采蜜的，他们怎样才能把蜂蜜弄成那么大一块，他们自己是怎么吃蜂蜜的。

卡利诺斯也巴不得在孩子面前炫耀一下自己的学问，他绘声绘色讲述那些樱花绽放、溪流落满花瓣的壮观场面，猫崽们听入了迷。那只大的就说："爸爸，现在可是没有樱花了，你就为樱花和蜜蜂写一首诗吧，让我们看看采蜜的样子。"

于是，卡利诺斯又拾起了那种华丽的腔调，在这富饶的山洞里朗诵起来，他中气很足，那些在石壁间来去奔跑的回声，让这虔诚的朗诵更加肃穆。

猫崽们很入迷地听着父亲的表演——"那黄金的郡王，尖尖的屁股啊，挺起冲刺的长矛，花蕊张开着粉色的大嘴，拥抱着肥嘟嘟的郡王。"

他念得如此虔诚，就像在祭祀真正的春天，他把整个生命都投入其中去创作，这是之前杰里科从未听到过的创作。

但这首诗，和以前的那些完全不同，非常古怪，连杰里科都听出来了。他听到卡利诺斯用喜悦的嗓音念出了神句子："他们在花粉里亲嘴嘴，穿上了花瓣的长袍袍……"感觉忍耐到了极限，他就突然打了一个巨大的喷嚏，忍不住狂笑起来。

一只野猫狂笑起来的时候，就和发怒的时候一样不可收拾。杰里科已经打断了这场即兴创作，在地上疯狂打滚，石洞里回荡的满是他的爆笑。卡利诺斯一家并不知道他在笑什么，这粗鲁的嘎嘎声让小猫崽们觉得非常刺耳，纷纷捂住了耳朵。他就在那里尽情地笑，粗野地笑，觉得喘不过气来的时候，就用脑袋狠狠地撞击装鱼的篮子。

卡利诺斯开始以为出了什么意外，可能杰里科呛了口水，但后来发现这不是意外，他一边笑一边竟然用猫爪子指着他呢。

啊，这个大胆妄为的畜生！没有等杰里科笑够，卡利诺斯就开始发狂了。他先是狠狠地蹬了杰里科的肚子一脚，让他疼得爬了起来，然后伸出双爪，飞快地在杰里科背上抓出了两道口子。

这下杰里科疼得再也不能笑了——他惊恐地望着卡利诺斯，那是他从来不曾认识的一位诗人，裸露的粉红皮肤鼓出了很多的大疙瘩，鼻子里喷着滚烫的热气，像要把他马上点着似的，那残存的几块猫毛，也像刺猬似的全部竖立起来。

然后杰里科听见一阵快要把石壁震碎的吼声，伴随着那些小猫崽的各种惊恐的尖叫声。

"所有对诗人的侮辱都将受到惩罚，我要杀死你，你将一生受到诅咒！"

他庞大的身影遮天蔽日地向杰里科扑了过来。但杰里科是弗雷家族最杰出的捕食者，他灵巧地跃起，躲过了这雷霆一击，然后在落地的同时就弯折了身体，向洞口狂奔而去。

浪漫主义哲学都有迷人的一面，那些哲学家会用诗歌的方式来写作哲学，他们的哲学与美和艺术完全不可分离。卢梭为贵妇们献诗，尼采会在瓦格纳歌剧中沉醉并写下最美的句子，而像拜伦那样真正的诗人，也受哲学家的影响在诗歌中思考哲学。

浪漫主义哲学的兴起是与18世纪的工业革命分不开的，他们厌恶资本家见钱眼开的丑陋和庸俗，厌恶教会的虚伪和假正经，厌恶王权、神权和金钱所制造的阶级鸿沟、残酷而森严的资本主义秩序，于是他们以个人尊严作为思考的开始，用美的方式进行反抗，并用艺术的高贵来照亮丑恶。

然而浪漫主义终究是脆弱的，它催生了19世纪最伟大的文学艺术创造，诗人拜伦也是其中的一员，自身却无力再建构更深刻更坚固的体系，终于淹没在了现代哲学的洪流之中。

本节第一首诗选自《荷马史诗》，第二首和第三首则是拜伦的诗作。

十一

救救猫咪

杰里科又流浪了两天，他穿过了两个村庄，和一座巨大的垃圾山，还有一片油菜田和一片杨树林子，他不敢距离那条小路太远，怕太远就失去任何方向感了。他也不打算求助于任何猫咪，感觉这里的猫咪没有任何一只会关心朵西。

有一次，在那杨树林里，突然刮起了很大的风，那些发白的叶子闪烁着银光，纷纷鼓着掌，响成一片，一起掉落下来。他在城市里面从来没有见

095

过那么大的风，那些叶子掉落了，又旋转着往上飞，树枝纠缠在一起，这一棵和那一棵树，就像人那样手挽手开始跳舞，寓示着生命发生了变化。林子里的小动物纷纷躲进了巢穴，杰里科却无处可去，身体也像叶子那样随风而转，不能自控。

他平生第一次被一片树林子弄得悲从中来，就在风里发出了一声长嗷，那声长嗷被风吞噬，连他自己都无法听见，他只感到腹腔被一种愤怒的力量撕扯着，这种痛感反而让他感到好受一些。

然后他又回到路上开始游荡，等风彻底停息之后，他就决心找个方向开始前行，哪怕是错的也好——于是他就这样做了，用猫族亿万年来遗存的本能。当六亿年前第一群小虫子开始有性繁殖，这种本能就开始在地球上存在了。

他要离开这条盘桓了很多天的小路了，他开始痛恨那群把他引上这条路的河滩上的那一群猫。可他已经不可掉头。就在最绝望的时刻，他迎来真正的好运，一辆小货车——和他很多天前在那个恐怖的夜晚看见的一模一样，从他身边飞驰而过，那时候他正在喝着路边的脏水。于是他惊呼了一声，伸出他那被磨得只剩下一层松皮的爪子，开始了疯狂的追逐。

这次他彻底记清楚了小货车的模样，凭借最初一阵短暂的冲刺，连后视镜里那个正在掐着粉刺的红脸男人的面孔都记住了，还有黄色车牌上泥污的形状，后厢上尿渍一样的铁锈。这里并不像城里那样有那么多道路让小货车马上消失不见，它只是变得越来越小，他仍然能远远地跟着它，哪怕消失在道路尽头也可以。

他的冲刺只能维持短短的一分钟，接下来他只能缓慢地奔跑，然后就变成了仅凭意志的跛行了。他的左后脚掌一直没有痊愈，冲刺又加剧了那里的伤势。等到黄昏来临的时候，他就有点踉跄，四条腿走着走着就会绊在一起，但他还能支撑着不会倒下。

等他必须要休息一会的时候，他发现后面有一只野狗跟着他，他竟然不知道这只野狗是什么时候开始跟着他的，他把猫咪的警觉和灵敏差不多丢干净了。那只野狗差不多有他五倍那么大，看见他停下来也不再走了，野狗的眼睛里有一种红色的雾气在往上冒，一颗巨大的牙齿露在嘴外，看起来也饿极了。

杰里科知道野狗一直在观察他，但他想不出任何办法，一只猫和一只狗就这样向黄昏的深处走去。

等路边露出了一个红砖和黑色油毡搭成的院落的时候，杰里科感觉自己又有点力气了，那里面可能存在的食物鼓舞了他。那只野狗也开始加速，它知道这是它的最后机会。

那座房子到底还有多远？七百步，四百步，两百步……有一阵，他感觉到脖子上有热气在哈着他，背上滴着野狗的涎水，他的后腿，有一阵甚至感觉到野狗坚硬的爪子。

他想冲刺，哪怕冲一生最后的一次也好，但他还是慢了下来，那只饿极的野狗已经扑住了他的尾巴。

这时候，他隐约听见了一种低沉的吼声，那是一种只用肺部发出的声音，完全不知道来自哪种生物，那种吼声低沉地和荒野发出了共振，笼罩了整个黄昏，以及这条荒无人烟的乡村小路和孤零零的房子。

那只野狗突然放开了他，不安地低嚎了几声之后，掉头向后狂奔而去。

于是，杰里科就朝那座房子慢慢走去。

房子也是用红砖围墙围起来的。他隔着一道铁制的栅栏门往里面张望，沿着墙，里面搭了一些用木桩和油毡制成的棚子，棚子下面有锅灶、铁钩和带着长长木柄的刀子。他正打算从铁栅间溜进去，那阵吼声又响起了，在那所房子的左边，有一条大狗，足足有刚才那只野狗两倍那么大，那条狗戴着铁制的狗嚼子，拴着很粗的铁链，前肢深蹲着在蓄积力量。

　　杰里科和那条狗对望了一眼，就浑身颤抖起来。

　　这时候，有个男人，穿着皮制的裤子和蓝色的上衣，打开了房门张望。杰里科看见了他的红脸，就赶紧离开了铁栅栏，他记得曾在汽车的后视镜里看见过这张脸。

　　于是，他就绕着这个院子转了一个圈，等他转到院子的后面，闻到了由很多粪便和发霉的食物组成的恶臭，那种恶臭里还混合了一种他并不陌生的味道。他就对着后墙嗅了嗅。这时候，他听见了一声细微的呜咽，然后是另外一种不同的呜咽声，然后是各种垂死的哀鸣，响成了一片。

　　这是很多猫咪组成的声音。

杰里科的心脏再次狂跳起来，因为他有些虚弱，这时候的激动让动作变得笨拙。他从墙上缓慢地爬了上去，从只糊半扇烂塑料布的窗子跳了进去。

房间里有一个用铁丝扎成的大笼子，里面到处是粪便和东一摊西一摊的泔水，和烂得看不清形状的食物，还有一些一半是黑色一半是灰色的某种粮食。就在这些污物的中间，蜷缩着一团又一团死寂的生灵，他们大多数把脑袋痛苦地埋在前爪中，垂着眼皮像是睡着了。有的还在蠕动，他们偶尔啃着自己的前爪，那里的皮毛都秃了，露着深红的伤口，在皮和肉的连接处还有血污。有一只已经摊开四肢，显然已经死去。

这里足有上百只猫咪，可能有四十多只露着黄色的背部，他一只只看过去，想找到朵西背上鲮鱼一般的纹路。他们都把头深深地埋着，有几只注意到了他，但谁都没有力气抬起头来。

越往铁笼的深处，那些猫就显得越死寂。这时候门开了，那个红脸男人拿着一只盆子走了进来，往里面撒着什么，杰里科先是蜷曲在墙角，还是被那个人发现了，于是他就使出所有的力气又从窗户跳了出去。

在外面，他忍着对那条大狗的恐惧，找到了一些散落发霉的猫粮，这让他恢复了一些力气。

晚上，他再次跳了进去，这时候还有很亮的月光从那些破窗户里照了进来，以猫族的视力，他完全可以看见那些猫咪的花色，但有好多黄猫其实是黄色的泥浆染成的。

于是，他尝试着小声喊朵西的名字，他绕着那个笼子走了一圈，然后，在笼子靠近门的那一端，他看见一双熟悉的蓝色眼睛亮了起来，她本来是趴在一块泥土和猫粮组成的硬块上的，这时候抬起头来，那种光芒更炽烈了，让这座猫的地狱有了一些生气。

"杰里科！"她支撑着爬了过来，她身上也很脏，有几只小虫子黏在她的身上，但她身上并没有大的伤口。

然后，四只猫爪子隔着铁丝互相挠了几下，杰里科又去碰她的鼻子，铁丝上有很多小刺，他们马上分开了。

"朵西！"杰里科抓着铁丝，尝试着摇了摇，但那里太结实了，纹丝不动，朵西也在他对面抓挠着铁丝，发出刺耳的响动。

有些猫咪开始往这边看，杰里科要朵西别再抓了，他埋下头，开始刨脚下的土。那种土是夯实过的，非常硬，他用了很长的时间才刨松了一点，然后用爪子蹬开了一小把浮土，弄出了一个浅浅的窝。

然后他有了点信心，朵西也似乎看见了希望，死死抓着那铁丝不放。

他顺着那个浅坑继续刨土，动作越来越快，也越来越无用，原来那夯土是越到下面越硬的，铁丝网的根也扎得很深很密，一不小心就碰到他。

杰里科不想放弃，他的前脚爪很快就磨平了，那个浅坑还一点都没有变，可能下一回它就会变，也许永远都不会变。他尝试用后脚爪挖，那只伤腿有点使不上劲，他过一阵就得换一下脚爪。

等到后面的那只脚爪痛得失去知觉的时候，一小块硬土掉了下来，露出了铁笼某个栏杆的根部，他激动地咪呜了一声，朵西也呜呜叫着，把半只爪子从铁丝组成的网格里伸了出来。

响声先是惊起了一些猫咪，他们不声不响走了过来，趴在旁边观看。杰里科的动作越发快了，掉下一块土之后，他的猫头已经能埋一小半到那个坑里，那些活着的猫咪先是走到铁丝网边探望，然后就和朵西挤在一起。

很快，那些猫咪变得焦躁不安起来，杰里科飞快地把浮土抛了出来，他们的鼻子里发出噗噗的响声，引起了更多猫咪的注意。杰里科让这里的死寂突然具有了生机，那些猫咪明白了他在干什么。

先是一只猫咪发出了咆哮，带着一种发酵了很久的污浊之气，然后更多的猫咪挤在这里，有二十多只。朵西在最前面，已经被死死压在了铁丝上，背后的力量越来越汹涌，她的前爪开始勉强抓着铁丝支撑着，很快就松开了，整个身躯都被挤得贴在铁丝上，她对着杰里科发出哀鸣。

杰里科就停下了工作，其实他已经绝望了，掉下那一小块土之后，地上再也纹丝不动。于是他去扯那铁丝笼子，这个动作马上引起更大的骚动，猫咪们纷纷发出号叫，那些垂死的猫咪也纷纷爬了起来，继续向这里拥挤，这些声音混在一起，最后掺上了那只大狗的低吼声。

这时那个红脸男人突然打开了门，刺目的白炽灯把这里照得雪亮，他拿着一根铁棍子，朝着铁丝网猛击，嘴里大声咒骂着。

杰里科在红脸男人开门的瞬间，就从他脚下溜走了，他没有发现，只是用棍子狠狠地敲击了一圈铁笼，那些抓着笼子的猫咪纷纷松开，哀哀地回到那些污物中间，继续着他们那种濒死的等待。

杰里科没有任何机会救出朵西，接下来的很多天，他都在附近游荡，他曾经爬上屋顶，从天窗俯视铁笼子，它上面和四周编织得一样密实，他也观察那个红脸男人开门的时间和打开铁笼子小门的时间。那个铁笼子的门每天都会打开一次，那时候就有一些骑着摩托车或者开着小轿车的人过来，跟着他一起进去，他们挑选一些猫咪，提着他们的后颈，飞快地扔进大袋子里面，然后背着袋子离开。

有一次杰里科还看见那辆小货车又来了，这次它带来了三十多只猫咪，让这个铁笼子和以前一样拥挤。幸运的是，朵西并没有被那些人提走，也许是她身上爬着的那些虫子救了她。

有一天，一辆奇怪的蓝色汽车停在了院子外面，那辆汽车拖着一个红色的箱子，箱子油漆鲜亮，一尘不染。从那辆汽车上下来四个人，都穿着一样的绿色马甲，上面印着一些文字。

他们先是隔着铁门和那个红脸男子交谈，他们交谈了一阵又各自在打电话，打完了又继续交谈。然后，红脸男子打开了门，开始他们在院子里谈得很认真，后来不知道怎么就开始争吵，另外一个男人也加进来了，看起来是红脸男子的朋友。

他们吵得很大声，那些绿马甲领头的是一个圆脸短发女孩，女孩的眼睛也很圆，充满了怒火，她试图去抓红脸男子别在腰间的钥匙，然后他们就动起手来了。

那只大狗一直在狂吠，但被铁链子拴住了，扑不过来。很快，那个红脸男子被推倒在地上，钥匙也被抢走了，另外一个男人和两个绿马甲互相撕扯着。那个女孩就打开了房间，其他人边撕扯边拥了进来。

这群人让笼子里的猫群惊恐起来，猫群骚动着，冲着他们发出各种嗷叫。

里面的场景让女孩惊呆了，她先是愤怒地摇了摇铁丝网，然后用钥匙去开铁门，那个红脸男人就和她开始了新的抢夺。

人的力气毕竟比猫大多了，他们不断地撞在铁丝网上，发出巨响，那些濒死的猫咪也爬起来了，惊恐地看着那些变形的铁丝网。就在女孩快要打开门的瞬间，那个红脸男人再次扑了上去，两个绿马甲也同时扑了上去，最前面的女孩尖叫着，这声音尖利得像要刺破铁笼子。

杰里科本来是跟着他们进来的，此时也狂躁地尖叫起来，用爪子愤怒地乱抓，并不知道哪个才是他的目标。

这时候铁笼子的一边已经被撞松了，开始倾斜下来，所有人都吼着，然后那扇门被撞开，猫咪们纷纷逃窜。人们继续打斗，有的猫咪从笼子里夺门而出，在屋子里疯狂乱撞，更多猫咪挤成一团，冲着人发出绝望的吼声。

终于，红脸男子被打倒了，另外一个男人则坐在地上一声不吭。

一个绿马甲把房门关上了，那个女孩就开始数猫咪，数着数着她就哭了起来，然后哭声越来越大，最后变成了撕心裂肺的号啕，她搂住一只身上有着巨大伤口的猫咪，身体不受控制地抽搐着。

她亲了亲那只猫咪的脸，硕大的泪珠滴在了猫咪的头上。

柏拉图曾说，世界上其实只有一种生物，其他的生物，只是这种生物的一部分。这是一个感人的论断，和他的著作其他部分一样感人，足可以让动物保护主义者拿来做自己的武器。

黑格尔则说，人是这个世界上唯一的与众不同，人才是最高的理性和秩序，人对其他物种应该有着绝对的权力。幸亏动物屠夫们不看黑格尔的书，否则他们将对黑格尔的话做一番恶意的曲解。黑格尔的本意是人既有权力让其他物种生长，也有权力对其他物种进行安排，动物屠夫们很有可能只看后者。

至于"人是万物的尺度"，这句出自古希腊哲学家普罗塔哥拉的名言，则充满偷换概念的各种可能，它既可以是疯狂的理由，也可以是克制的理由，尺度的使用，完全取决于人类的个体意志，距离人类的整体意志还差很远。

因此，动物保护主义者和整体生态理论并没有获得胜利，他们赢得的尊重和同情要远远多过胜利，只要人类还需要肉类，他们的奋斗就遥遥无期。

十二

贝克莱的幕布

朵西、杰里科和其他猫咪一起被装进了那个红色的货箱，货箱有两层，都铺上了厚厚的猫砂。

等汽车在路上开始疾驰的时候，一阵清新的风从顶上装了栅栏的车窗吹了进来，这时候，他们感觉到活了过来。虽然这个货箱还未能给他们自由，但此刻他们是受到善待的。货箱里有干净的水、新鲜的猫粮，他们被撒上了药粉，朵西的身上再没有虫子了，那些受伤的地方也得到了包扎。

等那种久违的偎依停下来后，朵西开始回忆她是怎么到这里的。

那一夜的街边，在那辆小货车从她身边经过的时

109

候，她感到身体一凉，醒来之后就已经在那辆小货车里了。

有很多小猫在哀号着，用爪子撕扯着货箱，还有一些根本没有醒来，也许永远不能醒来了。里面没有水，什么吃的也没有，所有猫咪拥挤在一起，一只挨着另外一只，那些猫咪伤口的血污会沾到其他猫身上，所有的猫咪都会踩到其他猫咪的粪便上面。不知道过了多久，有个人打开后门，把一盆水泼了进来。

那辆车后来疯狂地颠簸起来，有时候猫咪们被震上了天空，再跌落下来，车厢里充满了粪便的恶臭。他们不知道到了哪里，空气里没有任何熟悉的味道。

有的猫咪说，那一定就是猫捕，他们会被送到南方吃掉，那里的人类喜欢吃猫咪。于是他们陷入了更大的恐慌，纷纷用头去撞冰冷的货箱，用爪子去啃那铁制的栏杆，还有的爬到顶端，然后不断地掉落下来。

这种地狱一样的场景让朵西害怕极了，她突然很想卡尔，也想杰里科，想过去一切的一切。

她有一阵也在啃咬那些铁皮去发泄自己的痛苦，到处都是如此坚硬。有一只猫咪发现有一处铁皮被裹上了布条，他去咬那根布条，然后所有的猫咪都企图去撕咬那根布条。朵西也想去咬，她以为能咬到布条就能够不饿了，那柔软的纤维应该就和沙发一样，能给猫咪一点安慰。但是她根本挤不进去，有的猫咪挤着挤着就晕倒了，其他的猫咪继续往前拥挤，就直接踩在那些猫咪身上，他们也不会醒来。

等朵西累了，她夹在两只体型巨大的黑猫当中睡着了。

有一阵她看到了卡尔，她和卡尔在追一只跳进家里的蚱蜢，他们在书桌上抓到了它，然后把它放到狭小的厨房里玩弄，她用爪子去按蚱蜢的背部，它跳得有灶台那么高，卡尔说："放掉它吧，天啊，它的气味可真难闻啊……"

她也看见了杰里科，杰里科和她坐在一根大树枝上，杰里科用他有力的屁股压下树枝，于是他们就在那里一起晃啊晃啊……

等她醒来的时候，她发现卡尔和杰里科都不见了。其他的那些猫咪几乎都睡着了，偶尔有几只发出了哀鸣，饥渴让所有的猫咪都在梦中舔着爪子，那简直不是猫咪，而是一大摊还能蠕动的肉体，他们一起在随着货车晃啊晃，有几只发出了像是被死神扭住了喉咙那样的惨叫。

她是多么想回到梦中啊，如果能回到梦中，就能和卡尔、杰里科在一起。

可她做不到，她很长时间都没有睡着。

于是她闭上眼睛努力去回忆，从一个回忆跳跃到另外一个回忆，从卡尔说的那么多理念啊、秩序啊、自由啊，到南方之心的灯光，到莫扎特的曲子，到青鱼的味道和花朵的形状，她努力去回忆一切，只要不用睁眼看见这里就好。

一度她曾经沉浸在回忆里，她差不多把这里忘干净了，她甚至一度隐约听到了音乐——那种在极度痛苦后灵魂的解脱，她以为那是卡尔在遥远的地方给她发出的邀约，她从未想过在远方还能收到这神秘的邀约，等她试图听到这是哪一首曲子的邀约之后，却发现那并不是真的。

然后是各种奇怪的念头带着她远离囚笼，所有的念头都提醒她能够从这可怕的地方解脱。但她每次都重新想起：我，就在这里，无可逃脱。

逃脱，当她想起这个词的时候，她就开启了新一轮的回忆，那些枯燥的有趣的知识，那些严厉的温柔的说辞……她一遍又一遍地从里面寻找着逃脱。

有一阵她几乎快找到了，她试着回忆得更努力些，尝试那是否就是真正的逃脱。这里，从来不是真的，这里，从来不是现实！她从未到过这里，她从未被囚禁过！

卡尔曾经对她说，有一种心灵术，如果朵西被关进了一间红房子里，然后，再把灯关掉，那么，她就是处在一间黑房子里面，那间房子就不是红色的。如果灯永远不再打开，那么这间房子其实就是黑的，这点无可辩驳。

现在，让那些灯熄灭吧！

有一阵它真的黑了，然后又亮了，货箱门又一次被打开，很短的时间，她身边的两只大黑猫被拎出去了，猫群再一阵瑟瑟发抖之后，随着门被关上又归于安静……

这样的情景，让倾听的杰里科也感到了恐惧，他紧紧地抱着朵西："这辆货车不是那辆，看哪，这些人把我们照顾得多么好。"

朵西说："我听说过，世界上有一种猫的乐园，它是由最爱猫的人建造的，他们会把所有受难的猫咪放在那里，他们不必流浪，也无须捕食，人们会给他们最好的食物，他们只须每天玩着游戏，从来不会寒冷，也不会孤单……他们一定就是那些人，那个圆脸的女孩就是他们的头儿，她看不得猫咪受苦，她会哭。"

现在，通过那个天窗和四周的缝隙，他们能感觉到自己穿行在黑暗中了，汽车越来越平稳，不停有刺目的炫光从车边掠过。有一次，杰里科听到了一队运鸡的货车掠过，那些鸡翅膀在不停扑棱着。

他冷不丁地跳了起来，从缝隙里朝外看。

那里是不一样的灯火了，他们身处另外一片巨大的灯火中，那片灯火最后跌落在一片黑暗之中，那片黑暗中有一条很粗的白线。

这种灯光突然给了他无尽的力量，他拉起了朵西，拉着朵西往上面攀缘，那上面有一个带着铁条的小窗。

"朵西，我们要到家了！"

"啊……我们不去那猫的乐园了吗？"

"我说，我们不去了，我永远只属于猫而不属于人类，无论人类那里是凶残还是慈爱，对于我来说都没有两样。你和我一起跳出去吧，因为，我只能和你在一起。"

他们爬到车厢的上方，悬垂在那里，那里的风很大，吹进了朵西的身体里，她感到此刻无比的惬意，无比的痛快。

于是她就和杰里科先后把身体挤进了铁条缝隙，从小窗攀缘上了车顶。

他们只能把肚皮紧紧贴在车顶上，每次摇晃都使得他们往两侧滑动，杰里科的左后掌一直没有痊愈，他抓住了车顶的一条棱角，感觉那只脚掌黏住了，很痛。

他们只能紧紧挨在一起，大风又吹得他们开始向后滑。

　　他们不知道这辆车何时能停下来，哪怕慢下来也好。

　　这时候，杰里科看见前方有一团漆黑的东西伸在马路上方，那团东西越来越近。他大喊："朵西，蹲着，蹲着。"

　　那是一棵大树，有小半个树冠笼罩在马路上方。

　　树冠越来越近了，杰里科把那只黏住的脚掌撕扯出来，迎着风大喊："朵西，记得我教过你的吗？等我说一，二，三，我们就跳吧，我们一定能抓得住的……"

　　迎着那棵树，他们做出了深蹲，身体里蓄满了力量，"一，二，三！"

红房子黑房子的比喻，来自哲学家贝克莱的"知觉之幕"，他说一切能被感知到的东西，才是真实存在的，如果不能感知到，那肯定就不是真的。"知觉之幕"其实就是一块帘子，把那块帘子拉上之后，哪怕刚才是真实的也不能被确定为存在。

这真是一块巧妙的幕布，一种彻头彻尾的唯心主义。恐惧者、怯懦者似乎可以拿它来抵挡世上的一切灾难。"知觉之幕"在不同文化中有着种种变形，比如东方的掩耳盗铃和西方的鸵鸟主义，但作为人类，一个人拉起那块幕布，总会有另一个把它扯下来。

十三

朵西必须抉择

在那些圆圆的香菇草下面，又长出了一些地衣，和米粒那么大还无法辨认出种类的杂草，卡尔就从午夜到黎明伏在那里。有时候他沉沉睡去，任由几只小蚂蚁爬上他的鼻子，有时候他会翻一个身，感觉自己从未睡着，星空在他头顶缓慢地旋转，那些秋虫最后的嘶鸣就是星星闪烁的节奏。

他努力想唤起一些曲子来，但它们所有的，都只能成为最初一把残缺的音符，他心中总会像纸片那样折起来，那些音符就珠子般掉落在泥土里。

日落花园的夜，也因此变得很凉很漫长，于是，他在心里面反反复复吟诵着这样几句话：*总有些事情*

我们本不必焦急，感情却会让我备受煎熬，度日如年。总有些理性会让我们归于安静，找回和时光一样的节奏，血液不再奔腾（笛卡尔）。

等天边开始出现第一丝淡白流云的时候，最遥远的星群已经隐去，那些最近的星星，就开始迎接东方露出来的娇羞。卡尔听见了下面的一些响动，一些碎石子掉落的声音，然后是两只动物的喘气声。

那是朵西和杰里科！等那两个小脑袋从只剩下了一半的楼梯下露出来的时候，卡尔瞪圆了眼睛，朵西和杰里科也停下了脚步。

"卡尔！"

那个猫公主和那个野小子现在看起来是一样的了，他们的毛结成了一缕一缕的，胡乱耷拉下来，看不出任何纹理，身上布满了深浅不一的斑块，朵西背上还有一个伤口，结着发黑的硬痂。

卡尔瞪着杰里科，眼睛里慢慢升起了怒火，杰里科只看了他一眼，就把目光投向了朵西。

"卡尔，那天晚上，我被猫捕抓走了，我被关到了一个很远的地方，笼子里有很多很多猫，不断有同伴死去，是杰里科救我回来的，他跑了很远，差点被饿死……"

卡尔的眼神慢慢缓和下来，他知道朵西说的是真的，她还没有学会撒谎。杰里科，那野性雄猫本能的勇敢，也许有感动他的一面，但仔细想一想，他只是想占有朵西！任何一只野猫都能干出这样的事情。那个野小子看着他的神色，不知道他在想什么，于是杰里科就紧紧挨着朵西，在他前面坐了下来。

下面传来了一阵自行车的铃声，然后是汽车低微的引擎声，还有扫地的沙沙声，人类已经开始忙碌了，在他们的背后，大片云彩拉起了红色的幕布。

卡尔望了望天空，把肥胖的身躯靠上了一株苎麻草："谢谢你，杰里科，但这并不意味着我会把朵西交给你，来，让我听听你是怎么想的吧。"

"我能够找到她，我就一定能照顾好她，我们弗雷部落所有的成员都会善待她，我们有的是食物，我们也有的是自由。"杰里科满怀期待地说。

"啊，自由，善待，让我好好想想这些词……在那个谁能吃饱谁就是真理的世界，在那个谁能打赢谁就是真理的世界，我无论如何不会相信你说的善待和自由，会和我说的是一回事。"

朵西搂着杰里科，焦急地大喊："卡尔，我很爱你，但你不能这样说他，他会学会你说的那些德行的，我们一路上都在谈这些事，他遇到了很多有德行的猫咪，他都在问我这些猫咪，卡尔！那些猫咪都是你过去谈到过的，我全部知道，想想那些猫咪吧，那些永远不会伤害其他猫咪的，那些靠写诗吟诗来生活的，那些甘愿受别人欺凌的，杰里科全部遇到了，那些不都是上苍给的礼物吗？"

卡尔吃惊地望着朵西，她的神态是如此焦急，她和杰里科贴在一起是如此亲昵，她还是那从前的猫公主吗？那个野小子现在似乎也来了勇气，他不再躲避他的目光，而是和他开始对视。

"杰里科，我不会让你带走她。"

"那么让杰里科和我们一起生活吧。"朵西说。

"那更不会了！"

看来杰里科的希望要彻底落空了，想起一路来的艰辛，杰里科对卡尔的傲慢怒不可遏。现在，两只雄猫开始了互相怒视，都把爪子紧紧地按在了地上。杰里科挠了挠泥土，把脖子尽量昂起来，他喷出了一口粗气："卡尔先生，我不能忍受在救出朵西之后还受到你这样的对待，好吧，让我们来试试谁能带走朵西吧！"他咧了下嘴，露出锋利的牙齿。

卡尔爆发出了一阵狂笑："朵西，你看看吧，你看看这就是他们所谓的善待吧，这就是野猫们的德行吧！"

他们继续保持着僵硬的姿势，互相带着挑衅的眼神，鼻孔呼出浑浊的热气。朵西嚎叫了一声，卷起了尾巴，她一下跑向卡尔，一下又回到杰里科身边，当她在杰里科身边时，再一次看到了卡尔的眼神，他在一个瞬间流露出无尽的怜爱和悲痛，然后又恢复了对杰里科轻蔑的对视。

"杰里科，你认为我会去和一只野猫打上一架吗？你认为打架就可以解决所有的问题吗？哈哈，不过，让朵西这样见识一只野猫并没有坏处……她是我带大的，她是高贵的家猫，哪怕你现在带走她，她仍然是一只有德行会思考的家猫，她也永远不属于你！"

卡尔把僵直的身体放松下来，拨弄了下脚下的野草，然后又抬起头来："现在，让我们做个公平的决断吧，谁都无法带走朵西，她只能自己带走自己，让朵西来做个选择，是我，还是杰里科？"

　　现在，所有的难题和痛苦都交给朵西了，两只雄猫都满怀信心地望着她。她起先是来回踱步，后来开始打圈，再后来疯狂地打着圈，尾巴胡乱地甩动，卡尔和杰里科的影子混成了一团，在她的眼睛里疯狂地旋转。

她同时有一千万个念头，她看见了卡尔和她一起建造日落花园，动作笨拙又辛苦，她看见了杰里科从这里一跃而起，那种矫健给了她长久的震撼。年轻的杰里科，老迈的卡尔，啊，卡尔真的老了，她看见卡尔已经忍受不了这样长久的对峙，脖子上的肌肉慢慢松弛下来，她曾经在那上面睡过很久，就好像一辈子那样，他眼神里的悲悯包含了过去所有的日子，而新的日子还没有到来。

于是，剧烈的头晕目眩让她停止了旋转，她气喘吁吁地转到卡尔那里时伏了下来："杰里科，你回去吧，让我先陪陪卡尔！"

杰里科眼神里流露出彻底的绝望，他朝朵西发出了哀鸣，朵西也报以同样的哀鸣，可是她还是趴在卡尔的面前，爪子没有任何挪动。

于是，杰里科转过身，朝那楼梯慢慢挪去，等杰里科的背部和尾巴，快在最上面那级台阶消失的时候，朵西看见了真正的疲惫，他跑了那么远，她也从来没有看见过那种疲惫。

"杰里科！杰里科！"

瞬间，朵西爬到楼梯那里，焦急地喊了起来，杰里科已经爬下一半了。朵西的爪子在楼梯边缘狂躁地挠动，沙子和小石子纷纷掉落下来。她又回头去看看卡尔，卡尔正带着释然的微笑看着她。

于是，她又再一次回到了楼梯那里，这时候杰里科已经走下了这座废墟，黑色的影子落到了街道上，他掠过了挑担子的农夫、背着书包的小女孩，他蹭着一辆自行车的轮胎走过，被它弄疼了也满不在乎，身躯就挤着自行车继续走。

朵西最后回头看了一眼卡尔，卡尔还在模糊地笑着，但一丝忧郁已经爬了进来，就像他说的那些永远没有谜底的故事一样，深藏在无尽的知识的迷宫中。朵西彻底回过头去，发出了刺破这个安静早晨的尖叫："杰里科！"

她开始用小幅的脚步走下了楼梯，不停回头看看卡尔有没有追上来。等她最后下到了街面，就加快了脚步，四肢摆动的幅度越来越大，直到它们最后全部彻底舒展了开来，和地面都平行了，尾巴在后面被带成了笔直的直线，那些杂乱的毛发也飘动起来……

人生就是选择，这是存在主义哲学流传得最广的名言，出自萨特。它是如此形象，如此贴近现实，以至于所有人都能用生活轻易地理解它。但这里面的哲学思想也许还要读另外几本大书才能说得清，为什么只能选择，而不能创造？这个命题包含的消极之处在于，世界在人之前就预设好了所有的条件，人所能做的唯一事情就是选择。也许它里面包含了一些稍微积极的东西，比如类似"关键决断"这样的智慧，填中了彩票这样的好运，但大多数时候令人沮丧，比如没有选择也是一种选择，这样严密的逻辑让人生似乎无处可逃。

十四

部落的味道

在菜市场不远处的一块空地上，弗雷家族的长子津津有味地啃着一条青鱼，那条鱼只剩下一个脑袋和一副骨架了，他还在上面不断寻找，用爪子撕下残存的纤维。他的父亲则横躺在一块石板上，看着另外两只黑猫懒散地打斗，谁都使不出劲来。四周散落着一些谷壳、火腿肠的包装、尚在蠕动的小虫子，空气里充满了各种腐烂的味道。

赫克托把鱼脑袋咬成了两半之后，又用一只爪子朝里面奋力撕扯，另外一只爪子抓着的骨架却突然断开了，这时候他停下了动作，望着前方，好像前方有什么不可思议的东西。他丢弃了鱼头，兴奋地大叫起来：

"天啊，那可不是杰里科吧，他还带着那只小母猫呢！"

所有的猫咪都朝那边望去，他们的族长薛西斯喷出了一口长长的气，一层又一层厚厚的硬皮把他的眼睛深深地埋在里面，他用后肢蹲坐起来，就像一头熊那样。

看着他们的模样，杰里科马上有了负罪感。还有一些猫也围了过来，打量着朵西，他们不是黑色的，而是各种花色的。

在一阵尴尬的沉默和嗅闻之后，薛西斯终于说话了："啊，我知道你想说什么，可我现在毫无兴趣，你终于得到这只母猫了，你以为你就是弗雷家族的英雄了？"

其他的猫交头接耳叽叽咕咕说着话，朵西紧张地躲在了杰里科的后面，杰里科硬着头皮说："朵西，

128

朵西愿意和我们生活在一起了，我救了她的命。"

赫克托看着他们狼狈的模样："呵，好有出息的小子啊，杰里科，你知不知道，没有哪个家族成员会离开这么长时间，除非他们永远不想回来，你认为我们这里是想回就回想走就走的吗。"说完，他又舔了舔自己的胖爪子。

"赫克托说得没有错，孩子，我并不介意你有一只母猫，对于我们来说，任何母猫其实都没有两样，她们就只是生小猫的工具而已，我对她们唯一的期待，就是她们能生出更健壮的家族后代……"

薛西斯的话让朵西稍微安心了一点，然后薛西斯仔细地围着杰里科看了一圈，看见了他已经完全瘦下去的身躯和受伤的脚掌。接着说："但我不能忍受你为了一只母猫付出这么大代价，也不能忍受你让我们这么长时间的等待，这样吧，从现在起，你去做一只工猫，你仍然属于弗雷部落，但是，你不再属于弗雷家族。"

那些身躯大部分是黑色只有腹部有小部分是白色的猫，全部属于弗雷家族，那些其他花色的猫，则是加入他们的流浪猫，他们只能算弗雷部落成员。工猫，则是为弗雷家族工作的猫，由那些加入的流浪猫所担任。

这个决定，对于朵西来说倒是松了一口气，无论是赫克托和薛西斯，都给她一种非常压抑的感觉，这样看来，她可以不必和他们一起生活了。

薛西斯最后用脚爪拍了拍杰里科的脑袋："你们就跟着图卡和索尔走吧，杰里科，请你一定要记住，以后如果要去找母猫，带上自己的鞭子就可以了，而不是带上自己的命！"

尼采《查拉图斯特拉如是说》第一部第十八节里有这样一句话：你去女人那里吗？别忘了带上你的鞭子……这种话不但让所有女人义愤填膺，凡是正常点的男人也会觉得无法接受。这一节其实是尼采超人论说的一部分，这部分的主要内容是女人既然不能拿起武器打仗，那么她服务于制造超人就理所应当。这些论述让尼采成为性别歧视的代表人物："女人身上一切都是谜团，女人身上的一切也只有一个答案，那就是生育。"

十五

围猎理想国

　　杰里科、朵西、图卡、索尔，他们四只猫负责的领地是一个小小的街心公园，那里有几十株繁茂的桂树和榆树，还有两棵正在掉落着金黄色叶子的银杏，下面长满了浓密的杂草。

　　此时正是中午，人最少的时候，秋天的微风拂过那里。草地泛起了一阵绿色的波浪，一些小草举着绿色的小绒球，那上面白色的细毛纷纷扬扬地飞了起来，还有一些小草举着长长的穗子，在风里不断地摇摆。

　　杰里科和朵西有气无力地趴在花坛上，瘪瘪的肚子顶在混凝土上，这样能让挨饿的感觉好受些。有一只麻雀被那些穗子诱惑了，它先是蹲在桂树上叽叽喳

131

喳叫了几声，警惕地对着草地观察了一阵，然后一个快速俯冲。

朵西说："我以前不明白怎么可以吃麻雀，现在好期待你能把它抓下来。"

这时候草地里真有一只猫高高地跳出来，把它扑了下来。

那只猫是工猫图卡，他得手了，但显得并不开心："啊，终于抓到了一只，我还差一只呢。"

所有的工猫都必须每天给弗雷家族成员上交食物，这个街心公园的主要食物是麻雀，如果抓到了三只麻雀，就得上交两只，剩下的一只自己可以勉强吃饱。

可怜的朵西和杰里科已经在这里饿了很多天了，杰里科的脚掌一直没有好，往往是结满了一层硬痂之后，稍微动一下又破了。所以他跳不起来，根本抓不到任何麻雀。至于朵西，她离掌握这门技能还差很远。另外两只工猫，图卡和索尔，则没有义务把自己的猎物给他们，因为他们一样也是工猫，只是因为他们来自弗雷家族，薛西斯恩准他们不必上交猎物。

朵西和杰里科只能翻找一些草籽和小虫子来吃，

在垃圾箱里能找到丢弃的食物。偶尔会有人来喂野猫，但食物会被跑得更快的图卡和索尔抢走。

朵西倒不怨恨杰里科，挨饿，只要不饿死，总比和可怕的赫克托和薛西斯在一起好受些，何况杰里科一定会好转的，他会抓到比图卡和索尔抓的麻雀更多。

图卡叼着刚才的猎物到处转悠，想找个稳妥的地方先存放起来，他其实也饿坏了，但根本不敢吃那只麻雀，他走过朵西身边时，警惕地望了她一眼。

朵西叫住了他："图卡，我可对你们的猎物不感兴趣，我只是很可怜你们，为什么你们每天至少要交两只麻雀给弗雷家族呢，你们完全可以吃得很饱。"

图卡是一只脸上似乎总在带着笑的猫咪，精壮又勤奋，他放下麻雀，思索了一阵："如果没有弗雷家族，那我还是一只被其他部落赶来赶去的流浪猫，我可能都活不到现在。弗雷家的领地嘛，食物都是他们的，由他们说了算。"

"但我觉得这很不公平，凭什么这里算是他们的领地，你认真想过吗？你们辛苦地捕食，却吃得最少。他们却在一直打架玩，养小猫！"

杰里科用爪子碰了碰朵西，图卡苦笑了一下："我想不出什么，也许这就是做流浪猫的命。"

野猫捕捉麻雀其实是一件非常辛苦的事，他们太需要运气了，有时候在草丛里埋伏一整天，也不会有一只麻雀落在他们附近。即使落下来或者飞起来了，他们也得看准时机和麻雀的姿势，只要角度稍微有点偏差，麻雀肯定从爪子边上飞走。如果说一只猫爪子能控制百分之五的空间，那么麻雀还有百分之九十五的空间可以飞走。那种落在地上成群的麻雀，连想都不要想了，几十只麻雀眼睛，总比两只麻雀眼睛管用些。

他们又饿了好几天之后，朵西觉得再也无法忍受了，她再次找到图卡："图卡，你们这样抓麻雀太辛苦了，让我们一起来抓吧。"

图卡疑惑地望了望他们，杰里科的爪子可还没有好呢，他们怎么抓？

朵西说："我们可以这样，我们抓不了麻雀，但可以搜集草籽和谷物，我们可以用成堆的草籽引诱一大群麻雀过来，然后我们全部埋伏在周围，说不定一下子能抓好几只麻雀呢。"

图卡从来没有听说过这样打猎，既然今天一只还没有抓到，那试一下也不会损失什么。

于是，他们找到了一个非常理想的地方，那里有一个草比较少的浅坑，周围略高的地方长满灌木和叶子很宽大的葎草。他们铺了一层草籽和垃圾箱里翻来的米粒在浅坑，然后蹲在那些长草和灌木里面一动不动。

不一会儿，那里面就来了三只麻雀，图卡本来想动，却被身边的朵西按住了，杰里科和索尔则潜伏在对面。那三只麻雀确认没有危险之后，就边吃边喳喳叫，又来了十多只麻雀，全部挤在那个浅坑里。

这时候四只猫同时扑了下来，麻雀纷纷惊起，却发现只有很小的缝隙让

135

他们飞走，几乎所有方向都有野猫。每一只野猫都能扑到麻雀，连朵西都扑到了一只。还有两只本来飞起来，却撞在猫身上，就在浅坑里被按住了。

他们一下子竟然猎获了六只麻雀！

然后他们每隔一段时间就要重复这种捕猎，并且找到了另外一个理想的地方。一天下来，竟然抓到了二十七只麻雀，他们吃饱之后，藏起了几只，然后图卡和索尔给赫克托送去了十只。

赫克托显然被吓坏了："啊，两只工猫，居然一天能上交十只麻雀，这可来得太及时了，我们的猫崽子可是饿坏了。"

然后他把薛西斯喊过来，薛西斯也被吓到了。

赫克托迫不及待地撕开一只麻雀大嚼起来："父亲，我们可好久没有这样大嚼过麻雀了，那个罗塞林部落，可真是卑鄙透顶，他们把这个菜市场让给我们，根本不能让我们吃上几天饱的。那些人类也不是东西，我们帮他们把菜市场的老鼠抓干净了，他们就开始驱赶我们，他们用棍子打，用喷雾喷我们，还弄了很多难闻的气味和难听的声音在里面，让我们再也不敢进去。

等我们吃饱了之后，就应该找罗塞林部落去报仇！"

朵西捕猎的办法马上在弗雷部落传开了，他们杀死了成堆的麻雀，直到麻雀不再敢往这一带降临。然后朵西又想出了更多捕猎的办法，他们学会了辨认老鼠洞穴的结构，引诱老鼠出洞，学会了如何分工去抓老鼠，有的守候在洞口，有的则狂跳去惊吓老鼠。他们会排成长队去驱赶昆虫，把它们逼到一个角落里再吃个干净。那些更大的鸟类，比如喜鹊和大鹊鸰也成了他们的猎物，他们不再单纯地掏它们的窝，而是耐心等候成年的鸟回来，再给它们致命一击。弗雷家族还发现了更多的办法，有的不是朵西想出来的，而是他们在学会了分工捕猎之后想出来的。比如盗取菜市场的冻鸡和火腿肠，他们会用一只喧闹的猫去引走小贩，其他的则一拥而上。他们打劫运货的三轮车，在夜晚集体撕开口子后再扫荡仓库，更胆大的甚至就直接跳起来抢夺小孩子手上的食物，在客人还在吃饭的时候跳上小餐馆的餐桌……

他们储存了堆成山的越冬食物，那些猫崽子飞快地长大，母猫们有吃不完的奶水并继续生产。那些雄猫们每根毛都在冒着油。他们有了无尽的多余精力，从而变得更加狂野，薛西斯叫他们不停打架来准备战争，他们打起架来如此凶残，动不动就把兄弟的一整块皮撕下来，很多猫都受了伤，恢复以后反而变得更加坚实和残暴，简直就像亡命徒那般做着更加胆大的事情。

朵西和杰里科很早就回到了家族，朵西获得了和其他母猫不一样的地位，薛西斯经常会和她谈话，问一些问题，赫克托还是不喜欢她，所有讲话拿腔拿调的猫，他都不喜欢。

丰盛而奢侈的生活并没有让薛西斯陷入狂喜，他反而越来越容易陷入一种深刻的思索之中，他对部落层出不穷的各种恶行和斗殴毫不在意，而是吃饱了以后长久地趴着一动不动，就像一块石头那样沉默。偶尔他会抬起他那厚得有三四层的眼皮来，看着一棵毫无意义的树，或者对着人类丢弃的一个破箩筐发呆。

这一天，几只雄猫杀死了一只他们从未见过的大鸟。鸟的脖子上有很多绚丽的红色羽毛。还有一群猫盗窃了很多干酪、坚果，一些动物的杂碎，竟然还有

好几瓶塑料瓶装着的米酒，他们打开了酒瓶，开始痛饮起来。整个猫群开始陷入疯狂，赫克托喝醉了抱着

图卡的母猫癫狂地跳舞，跳得倒下了就狠揍那只母猫，然后爬起来搂着她继续跳。图卡则不知怎么激怒了三只雄猫，他被逼到了树上再也不敢下来，那些雄猫就在下面指着他哈哈大笑。杰里科也喝醉了，他就抱着树干死命蹭他的屁股，总说那里好痒好痒，朵西把他拖了下来，他还是在接着蹭，最后把那里的毛都蹭光了，就一头倒下昏死过去。

薛西斯也醉了，只是他醉了也会保持他那惊人的沉默和威严，只有眼珠子在诡异地不停转动，不知道他在想什么。

弗雷部落都已经习惯了他这副模样，根本对他的慵懒毫不在意。

当一只马蜂不识好歹地从薛西斯眼前大摇大摆飞过的时候，薛西斯突然勃然大怒，把它一掌扫落在地。然后他就不再躺下了，而是蹲坐在那里，发出了震耳欲聋的怒吼。

"够了，你们够了，都给我滚蛋吧！"

那些正在打闹的猫一瞬间都静止了下来，他们望着薛西斯不知所措，然后就纷纷逃散了。

看着这些成员惊恐的样子，薛西斯感到如释重负，又回到他那种又松弛又寂寞的状态。他在沉默一阵之后，把目光投向了朵西，朵西会意地走了过来。

"朵西，我知道一切改变都是因为你，但我所不明白的是，当一大群猫不再挨饿的时候，他们应该过什么样的生活。当捕猎的目标被轻易地实现了以后，我们究竟该干些什么。"

朵西期待了好久，薛西斯应该问出这样的问题。关于这个问题，她学过很多知识，那么，就先挑选一个最漂亮的说给他听吧。

"在很久以前，所有的猫都是一个猫国的，从来没有哪一只猫会比另一只猫更高贵，也没有哪一只猫比另一只猫更卑贱……"

　　薛西斯眼睛突然发射出一种异样的亮光："是的，我从来不认为任何猫能比我们弗雷家族更为高贵，任何鄙视，那些隐藏的和明目张胆的，我都无法忍受。"

　　于是，朵西就满腔热忱地继续说下去："所有的猫都会按照不同能力分成群，去负责不同的事情，这些事情也没有高低贵贱之分，除了有像弗雷部落这样的工猫之外，还有战猫，他们负责抵抗其他动物，保卫猫族的安全，有猎猫，专门负责采集和捕捉食物，工猫负责建造和维护猫房，还有像我这样专门传授知识的猫。这是猫的梦幻时代，所有的猫都具有某一种才能。至于您，薛西斯大人，您代表着猫国至高无上的权力，制定所有的规则，惩罚那些伤害同胞的猫、偷懒的猫。所有的猫会因您的统领而变得有教养，他们不会再酗酒打架，抢夺母猫，您可以约束他们，也可以让他们学习各种美德，学会什么是智慧，什么是勇敢，什么是节制，什么是正义……"

"那是谁确定的这些美德，我们为什么一定得学会？"

"啊，薛西斯先生，那是伟大火焰猫给我们带来的美德，一切高贵的属性，都是他从太阳神那里带给我们的，一切卑劣的东西，都是我们自己的过错。"

火焰猫！薛西斯突然立了起来，他把头凑近了朵西，用一种压低了的神秘嗓音说："可我从来没有见过火焰猫，也没有任何一只猫见过！谁知道那是不是真的。"

然后，他喷出了一股带着酒味的长气，伸了一个懒腰："我又想睡了……赫克托，赫克托！"

朵西带着些许失望闪到了一边，赫克托跑了过来。

"赫克托，这一次，我将睡去很久，无论任何事情都不要叫醒我，记住，任何事情！我将在梦中找到一切答案，关于我们弗雷部落未来的答案，在我醒来之前，我将弗雷部落所有的权力交给你，只要你不让弗雷部落受到侮辱和攻击，你，赫克托，你就是我永远忠诚而勇猛的儿子！"

柏拉图的理想国强调人类必须要有统一的精神，个人的行为并非完全基于对制度的尊重和敬畏，而是个人的信心和道德修养。因此，他将人群区分为几大群体，以及他们对应的义务。第一是立法和谋划，让全体人类为公共利益共同行动。第二是保卫公共安全，抵御外来敌人。第三是照顾个人，满足人类生存的各种需求：农业、建筑、畜牧、教育等。

　　他提出的四种美德分别是智慧、勇敢、节制和正义。正义是做正当的事：无论何时，只要你发现了其他的美德，你必然看见正义本身已经在那里。

十六

赢家与正义

薛西斯睡去了三天之后还没有醒来，他的呼吸一直平静而浑厚，没有任何异样，这使得所有去探望他的猫都放了心，从那呼吸中都能感受到他那灵魂奔腾不息的节奏。他可能潜入了黑暗，潜入了远古野猫的洞穴，也可能流淌在一条大河里。

他从来也没有翻身过，也从来没有去驱赶身上的小虫子，他巨大的身躯即使睡着了也保持着威严，即使雷神的震怒也无法使他惊醒。

赫克托在帮他赶走身上的小虫子之后，感到了一阵令他愤怒的空虚，猫群依旧打斗不休，仿佛没有了饥饿就只能把精力发泄向彼此，或者做出毫无意义的举动，比如咬断外面的晾衣绳，撕扯布料，将垃圾桶里所有的东西都扔出来。

于是，在他也玩累了的时候就把所有的猫召集起来，这天有一只工猫在菜市场让人把腰给打断了。

他对着自己的同类发出了怒吼，这其实是他心里埋藏已久的一件事情了，只是现在找机会发泄出来而已。平时，每次猫群聚集的时候只有薛西斯能这样大声怒吼。

"我们该恨那些人类吗？或者这干脆就是我们自己的错？你们都想想吧，是谁，把菜市场这样危险的领地送给了我们，然后换走了学校那边的领地？是罗塞林，是奸诈的罗塞林部落，他让我们在菜市场受尽了人类的欺负，我们帮人类杀光了老鼠，他们反而来消灭我们。而罗塞林部落却在学校里悠然享受学生们的喂食！"

这时候下面有一只黑猫发言了："赫克托，我记得罗塞林是您父亲的朋友，是您父亲亲口答应和他交换领地的，他说我们在菜市场可以吃得更好。"

下面的猫群一阵骚动，纷纷交头接耳，朵西和杰里科则紧张地听着，赫克托已经气得眼睛冒出了血丝。

这时候一阵冷风刮了过来，很多的树叶飘向了猫群，那些最小的猫咪，都禁不住瑟瑟发抖。赫克托看了一眼天空，天空飘来了几朵铅灰色的乌云，在更远的地方，漆黑的云朵正翻滚在一起。

于是他将一只爪子伸向了空中："好吧，那是我们自愿活受罪了？但你们记不记得，我们被赶出菜市场挨饿的日子，罗塞林可否给过我们任何食物？他还驱赶了我们进入学校的成员……来吧，我要向罗塞林复仇，所有的雄猫，现在都跟我来吧！"

这时候有猫在骚动了，一些猫激动得像他一样举起了爪子，他们正想找一些打斗目标呢，另外一些猫则在犹豫不决。

有一只工猫说："赫克托大人，我们应该打公平的架，罗塞林的成员每次进入我们的领地，我们也一样驱赶了他们。"

赫克托恶狠狠地瞪着那只工猫，思索了一阵："你们可能不知道，当我们为了一点小虫子抢得死去活来的时候，罗塞林部落已经吃饱了昂贵的猫粮，还在吃碧绿的猫麦草呢！那个学校里到处长满了猫麦草！"

猫麦草！听见猫麦草，很多猫咪已经很撑的肚子又重新开始蠕动起来，他们很久没有吃过猫麦草了，现在所有猫咪的肚子里都硬硬的，像被塞进了石块那样难受，吃了猫麦草就会通畅。

先是一只猫发出了喵呜向往的一声，然后更多猫开始附和，我们要去吃猫麦草。最后，赫克托挥舞着爪子开始呼喝："打败罗塞林，吃饱猫麦草！"

绝大多数猫咪都在跟着他呼喊了，杰里科也有些激动，但朵西按着他，让他不要出声，赫克托鄙夷地望着他们。

"杰里科，你为什么不出声，你是在反对我吗？"

"不，赫克托，你在发动一场没有正义的战争，我是绝不允许杰里科去的。"朵西代杰里科回答道。

"好吧，你也是我父亲的儿子，我现在不想强迫你，也不想惩罚你，但我的父亲肯定会的。"

于是，弗雷部落的大军就杀气腾腾地朝学校进发了，他们在夜里到达那里，很多雄猫因为很久没有打过仗而兴奋得抓狂。

等他们潜入围墙那里的时候，风更大了，一阵又一阵撕扯着树枝，所有的树木都在狂舞，围墙里面很多窗户也被吹得砰砰作响。

赫克托看了一眼天空，让所有的猫都停下来，趴在墙角。

他不停地打量着天空，像是在等待什么，有的猫咪等得焦躁不安，也被他喝住了。

突然有一条巨大的闪电从天空炸裂，连赫克托的脸上也照耀着一层恐怖的蓝光。遥远而沉闷的雷声滚动着冲向大地，最终在他们头顶成为一阵像要把他们身躯都震裂的霹雳。

等第一阵雷声稍微平息了一点，赫克托第一个爬上了墙头，迎着刚刚落下的粗大雨点，狞笑着，模糊的路灯照亮了他白森森的牙齿："现在，没有人类能听见我们的声音了，他们只能听见雨声、雷声和风声，也没有任何人会来阻止我们，来吧，孩子们，让我们

冲进去，杀死罗塞林，杀死罗塞林部
落！"

那些雄猫早就急不可耐，一
排接一排翻过了墙头。

战斗首先在操场上展开，那
里确实一个人也没有了，他们飞快
地制服了在大树和石桌下躲雨的几只猫，
然后朝更远的地方进发。

猫咪敏锐的听觉可以穿透大雨，人类却不能够。

等他们冲到操场尽头的时候，罗塞林已经带着十
几只雄猫等在那里了，闪电又一次照亮了无边无际的
雨幕，勾勒出他们的身形，他们看起来没有弗雷部落
吃得那么好，但都很健壮，罗塞林是一只有着粗壮后
腿的雄猫。

他和赫克托对峙着："赫克托！你为什么要来进
攻我们？"

"我们在菜市场受尽了欺负，这都是你们赐给我
的！"

"赫克托，我一直认为你们是朋友，那个地方是

你们提出来交换的！"

赫克托迎着风大吼起来，一阵雨水呛进了他的喉管，他狠狠地吐了出来："那我现在就还给你们，请你们从这滚开吧。"

两只雄猫同时怒不可遏地冲向对方，撕咬在一起，其他的也纷纷加入战团。

战斗很快结束了，罗塞林被体型更大的赫克托咬掉了一小截尾巴，开始朝校园里的建筑逃去，其他的成员也四散奔逃。

他们从大教学楼雪亮的路灯下奔逃，在食堂前门的污泥里打着滚，有的跳到了窗台上，有的逃上了房顶。一切正如赫克托所料，没有一个人听见猫群的惨叫，没有人知道发生了什么。

最后，罗塞林被十几只雄猫追得无处可逃，他跑到了宿舍楼，那里所有的窗户都亮着灯。他本来想冲进走廊，却被堵住了去路，他只能在楼房两侧不停地周旋，随着弗雷部落越逼越近，他开始跳上了一层的窗台，然后抓着下水管、电线和晾衣架子，不断地朝上爬去。

赫克托也紧紧追了上去。等到他们攀缘到五楼的时候，所有猫咪都在下面仰望着。在夜幕中，闪电不断照亮着他们的身躯，大风不断地刮着他们，他们有时候在水管上打着转，有时候快滑落了就紧紧抱住下一截。

　　赫克托有好几次差点抓住罗塞林的尾巴，等他用前爪发力的时候，后爪根本抓不紧滑溜溜的水管，差点掉了下来。他们路过灯火明晃的窗户，隐约看见了里面的孩子。

　　两只湿漉漉的猫最终先后爬上了天台，他们剧烈地甩动脑袋，抖落了影响视线的雨水，然而，更多更密集的雨水就顺着额头又流下来。

　　"赫克托，你一定是要我死吗？"罗塞林带着凄惨的绝望，回过头来。

　　"要么你们离开这里，要么从此把所有的食物交给我们。"

　　"那好吧，我现在就交给你！"

　　罗塞林鼓起最后的力气，朝赫克托勇猛地冲去……

　　住在一楼的学生，那天夜晚有好几个都听到窗户下面传来了扑通的一声，即使爆裂在窗户上的雨点，也不能掩盖那沉重的一声。

赫克托的雄猫们在大雨还未完全停息的时候就回来了。赫克托的嘴角带着一丝血污，浑身湿漉漉的，残存的毛发黏在身体上，没有一根是立起来的，他看起来满身疲惫，脸上却挂着胜利的自信，脚步蹒跚着，胸部却高高地挺着。

跟在他后面的那一长队猫咪，都带着类似的疲惫，但他们显然赢下了战斗，很多猫咪在高呼着："罗塞林死了！罗塞林死了！""赫克托，我们的勇士，我们伟大的赫克托！"

啊？朵西的心里被一只巨掌猛拍了一下，然后她竭力控制住哆嗦的身体："赫克托，你为什么要杀死罗塞林，你们这样的战斗没有正义，你们其实是失败者!"

赫克托抹了抹嘴角的血污，轻蔑地说："战争从来不会决定哪方正义，只决定谁是赢家。"

马基雅弗利，这是哲学史上毁誉参半的名字。赫克托就是一个彻底的马基雅弗利主义者，这种哲学本质是功利主义，无所谓道德，只要对自己有利的就是道德，损害了自己利益的就是不道德。马基雅弗利有一句人人皆知的名言，没有永远的朋友，只有永远的利益。有些卑鄙的商人和一些别有用心的政治家喜欢这句话，但不敢把它挂在嘴上。

十七

大梦后的神谕

雨势变小了，他们吃过东西之后，就伏在薛西斯的旁边，以便把这个胜利献给沉睡者。

但薛西斯始终不曾醒来。

他们开始也是睡不着的，那些深藏了好几百个世代的原始欲望，因为猛烈的喷发久久难以平息，使得他们神经的火焰无法熄灭，肉体已经疲倦了，而大脑里的杀戮还在支撑着。

等薛西斯发出了一阵沉闷的呼噜，然后把身躯翻动了一阵的时候，他们便纷纷把昏昏欲睡的身体支撑起来，围拢过去，想把这嗜血的胜利献祭给他。

薛西斯却并没有像他们期待的那样很快醒来，他继续在睡，大雨快淹没森林了，森林里无论是那些丰盈的花朵还是饱满的果实，都已经被狂风暴雨摧毁了。薛西斯在洪水中跋涉，找到了一个山洞躲藏起来，就像这是猫族最后的领地。

雨就是那再也无法摆脱的宿命，森林已经陷落，到处只有死寂的水，连乌鸦也不再鸣叫。猿猴凄惨地躲在了树梢。

这是最黑暗的山洞，即使猫也会一无所见。他只能听到蝙蝠的呼吸，感受到毒蛇的冰冷，还有蜥蜴粗糙的皮肤，即使偶尔的闪电照耀进来，那种蓝火也像是来自地狱。

没有拯救者，没有爱，也没有路。

这就是你的，你一无所见，你也一无所有，无论是谦恭还是高傲，你只能获得比那岩壁更冰冷的回应。

黑暗继续在吞没他，他下降到更深的痛苦之中，浑身扎满了荆棘，毛发沾满了污秽。

他不断爬过那些嶙峋的石头，忍受着爬虫的噬咬。虚空的黑暗，像加上了钢铁的黑暗，一层一层将他包裹，让他逐渐无法动弹。可他还在继续那意志的挣扎，就像已经进入了死亡，就再也不畏惧死亡。

等他走到岩洞最深处，以为那里终将一无所
有。

这时候，他的脚下传来了
大地的战栗，石块纷纷
掉落，尘土和碎屑
将他一层层包裹。
他用双爪奋力抵抗
着，胸腔不断被挤
压，躯壳一点点破碎。

他在绝望中发出
最后的嚎叫："为什
么没有猫来救我，火
焰猫死了！"

"火焰猫死了！火焰猫死了！"

薛西斯在沉睡的大梦中挣扎，终于用后爪直立了
起来，他的怒吼刺破寂静，惊醒了所有疲惫的猫。

现在，他终于醒了，他的眼睛在浓密的黑毛和坚
硬的厚皮包裹之中，一边膨大一边闪烁着越来越强的

光芒。

　　所有的猫都惊惧地望着他，他沉默了一阵之后，露出一种深不可测的笑，瞳仁里闪烁着不可捉摸的光辉，那种光辉足以让其他所有猫的瞳仁变得孱弱而惊恐，就像他灵魂已经飞入了天空，在俯瞰猫界。

　　于是，薛西斯就爬上了高处，对他那刚刚经过一场恶战的部落发出了谕示。

　　"我看见火焰猫死了，他再也不会庇护所有的猫。那些谄媚的猫、虚弱的猫、奸诈的猫、娇贵的猫，无论是受罪的还是享福的，轻蔑的还是卑贱的，撒谎的还是愚蠢的，都再也不能够用他的名义堕落，像蠕虫那样继续生活。火焰猫死了，他带给我们的从来都是亵渎，没有尊贵，所以，他一定是死了，他不再保佑任何猫咪。从现在起，只有我们能够保佑我们！"

　　那些猫开始在下面凝神屏气地听，逐渐被他的激情所感染，纷纷学着他的样子，用后肢直立起来。当薛西斯用前爪朝着天空挥舞的时候，猫群开始陷入狂热——看啊，他的瞳仁闪烁着精妙而疯狂的、他们从未见过的强光，强光像长着翅膀那样传递，从一对瞳仁传到另外一对瞳仁。无论是那些蓝色的、黑色的、黄色的，还是淡红的，慢慢都开始燃烧起同样的光芒。

然后，薛西斯将他的左爪指向了天空："我，薛西斯，从现在起就是众猫之猫，万猫之王，我就是猫族至高的灵魂。我们将征服卑鄙和轻蔑，征服贫贱和愚蠢，让我们重新走向那猫的高贵吧，即使是天空的燃烧和大地的陷落，都不能阻挡我们的梦想！"

除了朵西，所有的猫都疯了，他们全部挥舞着爪子朝着薛西斯乱喊、嘶吼，杰里科开始激动地流下了泪水，呼喊着："父亲，我伟大的父亲啊……"朵西拉了拉他的爪子，他却始终不肯放下来，眼睛始终看着前方，就像他再也无法感受到任何其他东西一样。

158

那个家族，现在汇成了猫的洪流了，那种坚固的力量，无论任何外在力量都无法将它分开。

杰里科就那样反复喊着父亲的名字，跟着猫群匍匐，又爬起，继续着很多疯狂的动作。朵西感到了无边的恐惧，那种最彻底的，没有任何庇护的恐惧。

她反复看着杰里科的眼神，反复地呼唤着他，可再也不能改变什么。杰里科的眼神里燃烧着一种勇敢，一种忠诚：那种勇敢，是和他挽救朵西的死亡时同样的勇敢；那种忠诚，也是和他跋涉很远去找朵西时同样的忠诚……这种发现让朵西陷入了彻底的无助，原来，野猫的爱情和杀戮，会是同一种激情，这是多么可怕的发现。

她可以挣脱猫群的裹挟，可她怎么能改变杰里科呢？

"父亲，我们已经杀死了卑鄙的罗塞林，我相信，这就是你在伟大的梦中给我的启示啊，让我们再次开始吧！"

等到赫克托开始大声说话的时候，她已经走到了猫群的背后，最后看了一眼那狂热的演讲者和倾听者，然后悄无声息地离开了。

有一个逃学的小学生刚好路过那里，他看见一大群野猫聚集在一起嗷嗷乱叫，感到有点害怕，然后，他看见了蹲在最上面那只大猫：天啊，他真丑，就像一条癞皮狗一样！于是，他就捡了一块石头，朝大猫狠狠扔去。

上帝死了！这是尼采哲学体系最难解的谜题："从前，亵渎上帝是最大的亵渎，然而上帝已经死了，因此这些亵渎者也就死了。现在，最可怕的亵渎就是对于大地的亵渎。就是对于玄妙莫测之物的内脏的高度敬重，高于对于大地意义的敬重。"（《查拉图斯特拉如是说》第一部第三节）

大部分人愿意把它理解为尼采对于他那个时代，对于在神的名义下道德败坏的愤怒，人类应该借助别的东西来获得人生的意义。上帝死了并不是一声悲叹，而是充满了希望地寻找新的精神领域。至于如何去寻找，找到的是什么，别人会如何去利用"上帝死了"，尼采作为一个哲学家既无法控制，也无法预见。

十八

黑暗会藏匿什么

　　薛西斯的大军在第二个黎明到来之前开拔了，他带着两个儿子，所有的雄性成员和所有的工猫，还有几只从罗塞林部落加入的猫。他们首先杀向了人类的饕餮街，那里是食物最多的地方，人类喜欢在那里通宵饮酒喧闹，红色的灯火永不熄灭。

　　那里生活着一群猫祭司。这些猫祭司全部都是纯白的猫，无论是波斯猫、折耳猫、布偶猫还是短毛猫，只要是纯白的，都有可能成为猫祭司。这些猫祭司占据了城市里最肥沃的领地，从来不捕食，夜晚只要在饕餮街来回游荡，就可以享受人类投喂过来的丰盛食物。

这并不是薛西斯最痛恨的一点，关键是这些猫一年到头装腔作势，等候其他猫咪给他们乖乖献上贡品，自己只需半闭着眼睛，念念有词地说着谁也听不出是什么的祈祷文，然后以火焰猫的名义到处赐福，恬不知耻地享受着其他猫的供奉。

他们既不认为自己是家猫，也不认为自己是野猫，而是完全独立存在的另外一种高贵的东西。

"杀死他们吧，这是一群谵妄者，一群可耻的懒汉，他们什么都做不了，给他们献上贡品的猫咪，该死的还得死，该瞎眼的还是得瞎眼。"

于是，打斗就在黎明前的街道上发生了，那时候正是人群散去的时候，所有的猫祭司都拖着臃肿的肚子洋洋得意呢，有的甚至还喝了个半醉。其实，他们不臃肿的时候也不是弗雷部落的对手，因为他们实在是太懒惰了，根本没有任何打斗和捕食的训练。

那些猫祭司纷纷逃窜，有的被赶上了房顶又重重跌落下来，砸在桌子上，把正在打扫的伙计吓了一跳。有的跳进厨房后面的大垃圾桶里，浑身沾满汤汁油污后被揪了出来打个半死。更多的在街上狂奔，有的甚至撞在桌子腿上，晕了过去。

赫克托把最后一只小白猫拎了出来，那只小白猫只有一个月大，正躲在一个装鱼的箱子里瑟瑟发抖。赫克托一把将他扔进了一只残余着几根鸡骨头的油锅里，那只小白猫在里面痛苦地挣扎着。

箱子里还有半箱多春鱼，赫克托把箱子推翻了，招呼了几只黑猫大嚼起来。一群工猫也试图靠近这顿大餐，为首的是图卡，他们期待地望着赫克托。赫克托舔了舔自己的爪子，开始把多春鱼的脑袋一个个撕下来，然后扔给他们。工猫们哄抢起来，这在弗雷部落里是司空见惯的事情，只有图卡流露出了失望，他嗅了嗅鱼头之后，就去寻找别的食物。

现在，这里没有一只猫是纯白色的，猫祭司念着他们的祈祷文，遁入灯火的尽头，永远离开了饕餮街。

早在薛西斯的大军开拔之前，朵西就离开了那个部落，她一整天都没有找到和杰里科说话的机会，他在连续饱餐了四次之后，一直疯狂地舔着爪子，紧紧挨着父亲和兄弟表示他的亲昵。即使能和他说话，那又有什么意义呢？

于是，她就形单影只地离开了那里，成了一只流浪猫。

只需要两天，她就和其他任何流浪猫没有区别了，她能吃任何东西，包括恶心的虫子、垃圾桶里扒出来的饼干、臭鱼、野狗已经啃过一遍的骨头。唯一的不同，是她比所有的流浪猫都要胆小，她小心翼翼地绕开所有的猫，只要感觉到他们存在就开始观察能够躲藏的地方。有时候她会感觉到很多猫冲过来，前面逃跑的惊恐万分，后面追赶的狰狞地喘着气，那必定是薛西斯的军队了，她就会找最高的地方拼命往上爬，躲在人家的空调后面或者花盆的中间。

但还是有一次，她被几个玩滑板的孩子看到了，被从常青灌木里抓住后颈提了出来，他们抱着她溜滑板，在空中跳跃，吓得她魂飞天外。最后，他们玩腻了，就把她一把扔回了灌木，几根尖利的枝条戳到了她的腹部，她在枝条顶上打了个滚，然后落了下来。

于是她也不得不躲着人类。她会想起卡尔，却没有勇气再回去，她也想过杰里科，那只是想很久以前的事情而已，她也不敢再看见杰里科一家人。

就在这天的傍晚，她逃进了一座很旧的居民楼里，躲在一个堆满木料的楼梯间里面，小心翼翼地啃食一具刚刚捡来的鸡架子。一个老妇突然揭开了一块木板子："啊，猫咪！"

于是她伸出颤巍巍干枯的手，用双手搂住朵西的腹部，把她抱了起来。

老妇的家很陈旧，家具很少，四面的墙上都贴满了各种照片，有的是很老很老的人，有的是很小很小的孩子，这里远远没有朵西主人家里那么精致。

然后她找来两只盆子用来装水和食物，又找来一件灰色的毛线衣和布条做了一个窝，等朵西吃了些东西之后，就抱着她去洗澡。

朵西很久没有洗过有热度的水了，热水和老妇的抚摸让她产生了一种久违的温柔，停留在记忆中柔软的甜蜜里。洗完之后，老妇抱起了猫咪，把她裹在了毛巾里，擦完之后又用双手把她捧了起来，走到了镜子前面。

"看啊，你是多漂亮的猫咪……"

朵西看见了那只猫咪身上闪烁着金砂一般的光芒，污物全不见了，她的娇嫩的粉鼻子正害羞地喷着热气呢。连尾梢上的毛，都变得蓬蓬松松的。

老妇激动地亲了亲她，眼角里泛起泪光。

夜晚，老妇拿着一小块软布一遍又一遍擦着那些照片，擦一阵就停下来喃喃自语。朵西在木沙发上躺着，想着很多很多的事情。等到夜深的时候，她听到了外面的桂树发出了窸窸窣窣的声音，风送来一个小婴儿的啼哭声，还有断断续续的钢琴声。

不知道是哪家的孩子还在深夜练琴，她努力想听出那到底是哪一首练习曲，却听见了一声轻微的窗户响动，琴声便消失不见。

她想卡尔了，此刻她比任何时候都想。

于是，她蹑手蹑脚地潜进了老妇的房间，老妇已经熟睡了，盖了一半被子在身上，她伸出一只爪子，隔着被子感受到了老妇的体温，发出了一声最低微的呜咽。

然后，她从一扇半开的窗户爬了出去。

她一边跑一边要不停地躲藏，这个城市的夜晚好像也快发疯了，她不断听见了猫的打斗声。等她走回熟悉的地方，又是一个黎明快要到来了。

她吃惊地发现，那座废墟已经不见了，她的日落花园也不见了，那块地立起了一些脚手架，一座新的房子，已经长好了骨架，散发着刺鼻的水泥味道。

她很失落地转过身去，找到那个院落，攀缘着大树翻过了围墙，慢慢呼吸着这里熟悉的空气，最后来到了那扇熟悉的窗前。

隔着玻璃，她终于看见卡尔了，卡尔就在钢琴旁边的那个案子上，他好像知道她回来了，就在那里等着她，脸上带着一种微笑。

她恍然想起，卡尔的那种微笑是释然的，和她离开他的时候的那种是一模一样的，没有任何改变——他竟然知道她要回来，就像他们从未分开过那样。

接下来的日子，他们总是在家里喋喋不休。朵西给卡尔说疯狂的薛西斯，狠毒的赫克托，那些被拿走三分之二食物还毫无怨恨的工猫，还转述了杰里科一路上遇见的那些猫。卡尔有时候若有所思，有时候又努力和她去解释。他们的主人，对这个小家伙的回来好像也毫不惊奇——她看起来没有什么变化，只是那种小脾气少了很多。

卡尔从未责备过她，反而说朵西也给他上了一课，猫咪无法用沉思学会所有的东西，即使是一只摄猫也不能。他也不会恨杰里科，那只是他的天性，怎么能去恨一只猫的天性呢？

但总有些事情还是让他们无法放下，他们偶尔出去散步，看看已经消失的日落花园，看看那座新房子的进度，同时想找一个新的地方建造新的花园。有时候一些野猫就会带来新的消息，薛西斯的大军把护城河边上那个最霸道的野猫部落打败了，把医院边上最肮脏的野猫部落打败了，把大楼里最狡诈的野猫部落也打败了……那些失败者纷纷在城里四处流窜，有的待在原地任由弗雷部落霸占他们所有的食物，有的去寻找新的部落，有的就干脆加入了弗雷部落。现在弗雷部落正在朝更远的地方进军，那些以前自以为很安宁的部落，都在惊慌失措地准备着。

薛西斯自称是城市的猫王，他狂妄地说他将是世界的猫王。

这个城市里有几十个野猫部落，却被他一个个全部打败了。

听见这些消息未免让他们感到沮丧，于是，他们就回到家里努力忘记这些事情，乐此不疲地玩那学问的游戏。

这一天的深夜，卡尔和朵西在讲一个头发半秃的老人的故事，那个老人发明了很多很多的办法，能让人的快乐最大化，痛苦最小化，如何在不冒犯别人的前提下去获得更多。等到朵西听得入迷的时候，玻璃窗发出嘭咚巨响，他们一看，一只狸花猫的脸贴在玻璃上，瞬间已经撞得变形了，痛得龇牙咧嘴地掉在了窗台上，然后跳下去，另外有一条黑影在追赶他，鬼魅一般消失在黑夜里。

这一声巨响把他们的主人都惊醒了，他也跑到窗户边察看，影影绰绰中有很多小动物把树枝摇得哗哗作响，有的就从树上扑簌扑簌地跳下了，还传来阵阵小动物的惨叫声。

"一群畜生！"主人察看完之后，就愤愤不平地拉上了窗帘。

等他回到卧房后，卡尔和朵西却再也谈不下去了，不断传来的响动，让他们也无法逃脱惊恐。以猫族的视力，他们从不畏惧黑暗，他们甚至可以将黑暗当作白昼来对待，但这是一个前所未有的黑夜，那种黑来自深不可测的内心，沉默如没有面目的魔鬼，以前无法理解人类对黑暗的恐惧，现在都能够理解了，他们互相沉默着一言不发，脑海里都在翻腾着什么。

等清晨到来之后，卡尔似乎想出了一些答案，他用一种罕见的凝重表情看着朵西："啊，我突然很想教给你老卡尔的学问，我本来打算在你学会其他的东西之后，再认真教你。"

"老卡尔是谁，他是你的父亲吗？"

"啊，不是，他是比我父亲还要老上一百多年的老卡尔。现在看起来，那些讨论痛苦和快乐的学问毫无意义，只有老卡尔才能战胜这些残忍的掠夺和欺凌。但是，现在教你老卡尔有点来不及了，我得先干一点事情再说。"

席勒说，黑暗本身并不可怕，可怕的是黑暗藏匿的对象，黑暗会唤起对可怕的想象力。一旦清楚了危险，大部分害怕就消失了。

从生理的角度上来说，视力是人类的第一个保护者，当视力不管用的时候，人类会本能地对隐藏的危险感觉无能为力。因此，无论迷信还是文学，都会把一切鬼神幽灵放在午夜时分，而冥府会被作为一个永恒的黑暗王国表现出来。

但有的时候，黑暗不但不可怕，反而更容易诞生出崇高来，因为微弱的光芒会在黑暗中变得更为耀眼。

十九

猫变席卷城市

这个城市的人类，开始经历一场关于野猫的噩梦。这场噩梦蓄积已久，爆发猛烈，野猫之前一直躲在距离人类沉思很远的地方，表现得温顺和屈服。现在，不知道是什么让他们冲破了那上万年的意识枷锁，他们把这座城市当成森林那样狂放不羁、残暴野蛮。

他们开始不分白天和黑夜，也不分闹市和学校，不分任何条件地疯狂上演厮杀和逃亡。在写字楼的顶上，在别墅区，在工地里，在车站、学校……撕咬和缠斗随处可见，不断有伤痕累累的猫倒在路边，更多的猫则在各种小道和楼梯，在阴沟的上方和墙头狼奔豕突，人们整夜听见他们的惨叫和咆哮，黎明也不曾停息。即使在懒洋洋的中午，也会有猫冷不丁地从樟树上掉下来。

他们飞速跳上婴儿车又跳下来，他们撞倒过挂着拐杖的老人，他们冒死从飞驰的车轮边经过，引来一阵又一阵急

刹车的声音。有一位姑娘曾经看见一大群猫拥下楼梯，他们背挨着背，头撞着头，有的甚至被直接挤到了其他猫的背上，潮水一般狂奔下楼，吓得她跌倒在地。也有人看见十几只猫沿着脚手架攀缘，那个地方有十几层楼高，到了平缓的地方他们就互相追逐，让那里的建筑工人看见了死亡的危险。

孩子和老人非常恐慌，有市民发出了捕杀野猫的呼吁，这场猫灾震惊了整个城市，很久没有平息的征兆，以至于很久以后大家都还记得这回事。

卡尔本来不想带着朵西出门的，但是朵西说既然

她在野外、在弗雷部落已经经历了一切，那还有什么可怕的呢？

于是，他就带着朵西往蓝蓓公园走去。

他们一路上遇见了几只受伤的猫，也在往那里走。他们是去找巴鲁赫治疗的。等他们走进公园，爬上那座齐纳利山，发现上面竟然挤满了受伤的猫。他们有的耳朵被咬掉了一大块，有的失去了尾巴，有的脚掌被铁钉完全扎穿了，四肢朝天发出哀鸣，真不知道他们是怎么到达这里的。有的腹部完全被撕开了，肌肉翻露在外头，有的满眼鲜血，眼睛似乎都瞎了，受伤最严重的腹部有一大块肉都垂下来了，看起来已经奄奄一息。

他们不断地发出各种呻吟，这种地狱般的画卷让朵西的内心战栗着。

巴鲁赫还是很平静，看样子他的草药已经用完了，这个公园的主人康帕内拉部落，不断地给他采集各种果实和叶子，有用没用的都不断送上山来。巴鲁赫有时候找不到合适的草药，就把其他的植物胡乱地嚼出汁液，糊在那些痛不欲生的猫咪的伤口上。

他用来磨镜片的那块大石头上，现在正躺着一只折耳猫，他的左眼皮全部被撕开了，巴鲁赫正用爪子小心翼翼往里面探索，把一些草汁涂上去，折耳猫的四肢痛苦地抽搐着，那两块镜片，则被扔在了石头的下面。

他忙得无法和卡尔打什么招呼了，于是卡尔就一边帮他的忙，按住那些伤猫或者帮他去找草叶，一边焦急地和他商量。

"巴鲁赫，你会累死的，听我说，你这样忙碌毫无用处，所有的猫都会失败，爬到这里来等死。我们必须要反抗。"

巴鲁赫放开了那只猫，又换上来一只腿部有伤口的猫，继续忙碌着。

"卡尔，他们打不过薛西斯的，这样做毫无用处，他们并不是没有反抗，所有的部落都失败了。"

卡尔帮他咀嚼了几片草叶之后，又继续说："我的意思是应该一起反抗，一个部落打不过薛西斯，可还有很多很多的部落，为什么不能一起去反抗薛西斯呢？"

巴鲁赫停下了爪子，冷冷地望了他一眼："所有的部落自有其天性，也自有其命运，何必去干涉他们呢？我之所以为他们治疗，只因为这是我的天性，并不是因为我想改变什么。"

然后他就去继续治疗那条伤腿。这下卡尔有点愤怒了："啊，老朋友，你看见薛西斯如此残暴，这么多善良的猫咪在流血，在死去，竟然还如此冷漠。"

"在我的眼里，残暴和善良没有区别，就像这些草药和猫咪没有区别一样，它们只是神的意志的不同体现而已，我不会去计较这些不同的，他们各有其命运，你不能指望只有永生没有死亡，也不能指望只有善良没有残暴，意志的体现是多样的，哪怕是死亡，你也只能赞美它。"

卡尔快被巴鲁赫的胡言乱语气疯了，还有很多伤猫不断地涌了上来，树林子里有很多不明的簌簌响动。他看了看山下，老康帕内拉在焦急地奔跑，部落的成员围着这座山打着转。

巴鲁赫依然保持着那种特有的镇定和专注，就好像全世界没有任何事情能够打搅他一样。

这时候，远远地传来了一阵惨叫，这种惨叫非常响亮，和山上这些猫咪的哀号完全不同，彻底刺破了茫茫大气，很多鸟都惊飞了。山下的老康帕内拉，像箭一样冲了出去。

　　卡尔冲着巴鲁赫大吼起来："巴鲁赫，你醒醒吧，你是猫圣，所有的猫都很崇敬你，我来找你，就是因为你是高尚的猫圣，这些平时互相不来往的野猫部落，一定会听从你的安排，他们落难时只有你给他们希望，他们反抗时也请你给他们希望吧。请你把他们组织起来吧，这些山上的还能够动的，还有康帕内拉部落，我们现在就组织起来冲下山去。"

　　他还没有说完，就看见老康帕内拉跑回来了，他身边有几名部落成员，而更远的地方，出现了一些黑色的身影，他们排成了一排，慢慢往这里逼近。

　　此时是正午，秋日阳光短暂的热力已经笼罩这里，树林里偶尔传来干枯树枝噼啪的响声，灰尘一般细小的虫子在林间飞舞，一株银杏树的叶子被阳光彻底穿透了，那华贵的金色礼服在粼粼闪动。

那些黑色的身影是弗雷部落，朵西已经隐约认出了赫克托的身影、杰里科的身影，她惊叫了一声，然后躲在了卡尔的后面。

那些黑猫移动得很缓慢，无声无息地，四肢都是很小心地提起又放下，但都带着无比的坚定。最前面的那一排黑猫后面开始出现了更多的猫，他们的脊背在秋日曝晒下呈现出迷人的光泽，所有的猫都低垂着尾巴，巨大猫群的安静，让齐纳利山开始瑟缩了。

那个巨大猫群的中央，传来一阵沉闷的吼声，那是来自整个猫族的胸腔，来自薛西斯。

那种压抑的寂静终于被打破，于是，已经退缩到山脚下的老康帕内拉也不再退缩，而是勇敢地带着几只猫冲了上去。

弗雷部落并没有一开始就攻击他，而是整个队形往里面凹了进去，形成了一个半圆。康帕内拉企图找一个攻击对象，但他们会继续退缩，康帕内拉什么都攻击不到，最后那里形成一个整圆，把康帕内拉包围在里面。

然后，赫克托从队列里走了出来，他和康帕内拉互相打着转，带着浑浊的呼吸互相嗅闻。赫克托先停了下来，嘲讽地说："让我数数吧，你们还有一只，两只，一共六只！啊，我不会杀死你们的，你们太可怜了，请赶紧从我面前滚开吧，我会给你让开一条道的。"

很多的猫都在跟着嘲笑，对着康帕内拉做出鬼脸。

康帕内拉把尾巴竖立起来，带着一丝不可冒犯的高傲："该滚开的是你们，这里永远是康帕内拉的领地！"

赫克托瞬间变了脸色，马上给了他闪电般的一击。康帕内拉还想爬起来，但另外一只猫马上按倒了他的身子，那是杰里科！然后更多猫，无数的爪子，一层接一层地往前面涌动，所有的猫都尽可能地找缝隙拥上前去，康帕内拉和他的同伴们马上就被淹没在了弗雷部落的猫群中。

随着薛西斯的又一声闷哼，猫群又潮水一般地散开了，地上多了几团血污和四处散落的毛皮，还有几团看不出形状的猫的躯体。

一阵微风吹来，一些各种颜色的毛在阳光下飞舞着，带着丝丝的殷红。

山顶的猫群开始了骚动，有的声嘶力竭地尖叫着，有的用爪子死命地撕扯自己的眼睛，有的趴在地上大口地喘气，有的背过了身躯，凄厉地哭泣。

卡尔再也无法忍受了，于是，他把还在专心致志地涂着草药的巴鲁赫抓了过来："看吧，看啊！这就是你说的神的意志，难道神的意志是让我们统统灭亡吗？神的意志就是制造猫的地狱吗？神的意志就是让薛西斯喝光我们所有的血吗……"

那些黑猫，嘴唇上还残存着血污，他们一边不停地舔舐着，一边满不在乎地看着山上。

巴鲁赫的身躯微微颤抖了一下，马上又恢复了那种不可动摇的镇定。

"卡尔，帮我看好那两块镜片。"

于是，他朝山下慢慢爬去，阳光照映着他长长的白毛，像这山坡上绽开一朵硕大又纯洁的花。那朵花不断地移动，看起来和环境格格不入，就像一个神灵逡巡在它的山林。

连山脚下那些虎视眈眈的黑猫，也要赞叹他的气质，他看起来就是一个真正的猫圣。连薛西斯在一瞬间也看见了他的某种不同，那究竟是什么，那可能在他那个漫长的梦里见过，那是在洪水来临之前，森林上空短暂寂静隐藏的东西。

巴鲁赫就这样爬下了山，来到薛西斯的巨阵之前，没有畏惧，没有紧张，连脚步的犹豫都没有。猫群纷纷沉默地散开，让他爬到了薛西斯的面前。

"薛西斯先生，我尊敬你所做的一切，我从未怨恨过你，我只是把这一切看成是火焰猫的旨意，而山上的苦难也是火焰猫的旨意，那些飞舞的虫子和金黄的叶子，也都是火焰猫的旨意。"

薛西斯一言不发，只是锁紧了眉头，于是巴鲁赫继续说下去。

"我很久没有下过山了，可是我愿意来到您的面前，因为无论过去发生什么，这都将是我的荣幸，我请你们放过他们吧，我相信，这天上的阳光也是来自火焰猫的威力，他现在一定在俯瞰着这里……"

薛西斯的眉头锁得更紧了，很多皱褶的皮肤把他的眼睛紧紧包裹起来，所有的猫都在看着他，可全部都看不见他的眼神。

他的躯干突然像人类一样直立了起来，巨掌像一把刀子那样飞快地划过，巴鲁赫的脖子马上出现了一道细缝，那条裂缝开始渗出一丝鲜血，然后更多的鲜血涌了出来。

"从来没有什么火焰猫！这里只有我，众猫之猫，万猫之王，薛西斯！"

随着巴鲁赫的倒下，猫群发出了铺天盖地的欢呼。

他们开始朝山上进攻了，到处寻找着可以上山的路径，从大树的根部，从灌木的深处不断蹿上去。树枝不断地被折断，泥土纷纷散落，有的猫会陷进去，但后面的猫会踩着他源源不断地拥上来。

而山上，那些再也没有任何希望的猫咪，那些来自不同部落的猫咪，也开始反抗了。只要还能动的，都在卡尔的鼓舞下行动起来，他们有的把冲上山头的猫扑了下去，有的不断把石块和泥土，还有粗一点的树干往山下扔，连朵西都在忙碌着，到处找可以使用的武器。

等他们把第一波进攻的猫咪打下山去后，太阳已经有点倾斜了，更多的阳光透过浓密的树冠，照耀着这些疲惫但充满斗志的猫咪。

在山脚下，赫克托和杰里科正在集结更多的猫咪，商量上山的路径。那些猫咪开始聚集在山脚，发出呜呜的吼声，足足有上一次十倍那么多。

当这种吼声响成一大片，山上的猫咪终于感到了恐惧，他们必死无疑！薛西斯的大军可以吞没整个山头。

他们开始第二次进攻了，几乎每一寸土壤都有猫咪踩着，尾巴连着头，头连着尾巴，漫无边际的猫咪蜂拥朝山上冲击。

这可怕的场面让朵西感觉到死亡的笼罩，连卡尔都茫然失措，他环顾四周，找不到任何可以抵抗的力量。四周的喧嚣慢慢地近了。

他的目光投向黑色燧石下的两块镜片上，想起巴鲁赫临死前和他说的话，于是，他把那两块镜片拿了起来。他曾经以为可以用它们看见火焰猫，但它们为什么现在毫无用处？

他把镜片翻了一下，阳光突然照射在镜片上，镜片就像着了火那样刺目。

他隐约想起巴鲁赫磨镜片的细节，那不是谜团而是现实。

他找到了镜片和火焰猫之间的联系！

于是，在一片混乱中，卡尔开始做一件他以前从未做过的事情，他把两块镜片叠在一起，全部对着阳光的方向。

他试了好几次，阳光终于在地面汇聚成了一个刺目的白点，他的眼睛都快被晃瞎了。

那个白点下的枯叶开始发黑、冒烟，然后出现了一点火星。

火，是猫的禁忌，是死神的烈焰，他从未接近过火。

火星开始燃烧了，威胁着他，那可怕的辐射瞬间让他的脸上干燥。

刚开始，没有猫注意到这里，等这里冒成了一团火球之后，山上的猫更惊慌了。卡尔开始大喊，让所有的猫咪不要离开山顶，也不要接近火球。

他用爪子不断把枯枝败叶刨向火球，那里燃烧得更旺盛了。

他开始拥抱死神，因为他坚信死神终将是公平的，他用这个信念打败了自己的畏怯。

朵西冲着他的背影大喊："卡尔,离开那里！"

卡尔回头望着她："朵西，让我来，让我把这火燃烧得更猛烈吧，你一定要记住，无论任何时候不要阻止我。"

他转过身去，一团浓烟带着黑灰，像恶魔的诅咒那样扑了上来，他的喉管发出了一阵刺耳的摩擦音，嘴里痛苦地呼出了一口长气之后，就再也发不出任何声音了。

烈火让进攻的猫咪有了一些犹豫，等到那里燃成了一道火墙之后，他们终于纷纷朝着山下逃散，而山顶的猫咪，全部远远地站在火墙后面，他们牢记着卡尔最后说过的话。

只有卡尔一只猫在火墙面前忙碌着，烧吧，烧得再旺盛些吧。

勃然大怒的薛西斯想把溃退的猫咪驱赶向前，但他们已经被本能的恐惧完全击败了，连赫克托和杰里科都惶恐不安。

那面火墙突然有什么东西爆裂了一下，然后有很多精灵一样的火花在里面疯狂地跳舞，有时候它们是明黄色的，有时候像飞溅的鲜血那样恐怖，这些精灵在大火中晃来晃去，明亮得不可捉摸。

这可怕的力量让猫群沉默了，当山下有一只猫颤抖着说了一声"火焰猫"之后，猫群就开始了小声嘀咕，然后这种嘀咕慢慢就响成了一片。

第一个喊出"火焰猫"的是图卡。

等这些嘀咕传到薛西斯耳朵里的时候，他只迟疑了一下，就用胸腔所有的力气大喝一声："火焰猫已经死了，这里只有薛西斯，火焰猫肯定死了！"

接着他就冲到了山脚，朝山坡上爬去。

连山顶上的猫群都透过火焰的缝隙，看到一个巨大的怪物往上面猛扑。如果光看那只怪物的身躯，他还是异常俊美的，他飞速上蹿的时候，肌肉会极快地伸展，甚至呈现鱼那样流畅的侧线。那些草丛和树枝开始纷纷退却。

薛西斯的巨掌轻易地刨落了成堆的小石块和松软的腐殖土，它们朝山下纷纷滚落。他粗壮的身躯直接碾压过那些灌木丛，直接撞开了那些小树干，朝着山上飞速地移动。山下的猫群看得呆了，有的甚至爆发出了欢呼。

"火焰猫死了，他早就死了！"

他一边往上冲，一边发出震撼心魄的吼声，吼声朝上方逼近，山顶的猫咪们再度惊恐起来。

卡尔本来已经累倒在火墙后面了，此时也被震撼得勉强爬了起来，他鼓起了最后的勇气，把一大堆枯叶刨进了大火之中，他还来不及退缩，那里就爆裂成了一棵火的大树，大火瞬间烧焦了他的胸前和脸部的毛发，可他还是屹立在火墙之前。

朵西惨叫一声，想拉走卡尔，但那火势太猛烈了，她被其他猫咪死死拉住。

现在，那些山下的猫咪看见火墙又长高了，而且像岩浆那样翻腾了起来，火墙里还有一个黑影在挥动着四肢，火星不断溅落在他的旁边，他就像一束烟花那样灿烂。

"火焰猫，火焰猫！"

这次他们不再小声嘀咕了，而是带着真正的恐惧大喊起来。

这时候，薛西斯已经冲到了火墙的下方，他距离那堵火墙，只差两个身子那么长的陡坡，他也感受到了火焰的焦灼，身上的毛发开始卷了起来。

他毫无畏惧，尽管他从未接近过火焰，也从未想过屈服于它。

他的脚下是一层浮土，于是他尽量刨开这些浮土，朝火墙冲去。

连续刨了好几下，土块纷纷掉落，下面却越来越深，他无法前进一步，而且不停陷落。一些带着火星的灰烬溅落在他的背上，那种剧痛他从未想象过。

他越是不能前进，越是执着地加快双爪刨挖的频率，他越陷越深，竟然离那堵火墙越来越远了……

火墙轰轰燃烧着，就在燃烧得最猛烈的时候，它带着土块陷落倒了下来，彻底吞没了薛西斯。

山下的猫咪都看见了，那个大怪兽一开始从火堆里跳出来了，四肢和头部着了火，他一开始是去撕扯自己的脸部，想要把皮肤都撕下来。但上肢蜷曲了之后，就再也无法伸直了，在胸前形成了一个环抱。然后他就坐了下来，变成一个火球在火墙下面疯狂地滚动。

慢慢地，那个火球变成抽搐的一团，蠕动了几下之后，最后不知滚落到了哪里。

于是，他们惊叫着四散而去，像一把蒲公英花被大风吹得纷纷扬扬。赫克托犹豫了一阵，看见那火墙慢慢变矮了，升起了更浓密的黑烟，那个躯壳冒出了瘆人的红光，于是也掉头狂奔起来。

只有杰里科还在哀鸣着，他急忙爬上山坡，来到洒落一大片灰烬的那个陡坡上，在一片黑烟和火星中嗅着，尝试着用爪子刨那些仍旧滚烫的树枝……

斯宾诺莎试图创造一种超越善恶的道德观念，这种道德观念立足的基础是世界只存在一种实在之物，可以说那就是神，或者说那是太一，那么人类区分出来的所有复杂道德定义，都只能归于太一，那么道德之间的对立就被完全抹杀掉了："我愿意向你完全承认，神是罪、恶、错误等的创造者……神并不抽象地考察事物，也不抽象地制定普遍的定义。"

提出这样没有善恶是非的道德体系，可以说是斯宾诺莎极致的哲学追求，他试图站上一个更高的平台俯瞰人类，这样的努力令人敬畏。但没有善恶是非的道德体系注定是无法实践的，逻辑上也有很大的漏洞。所谓的神，所谓的太一，其实也是人类思辨的产物，人类怎么会为自己造一副镣铐呢？去掉这副镣铐，人类的道德体系、善恶标准就应该是人类按自己的目的来制定。

卡尔与天使

人类在下午发现了齐纳利山的异样，他们扑灭了大火，并发现一些猫的尸体，有的显然不是烧死的。

至于朵西和卡尔，他们挣扎着下了山。等他们的主人回到家里的时候，倒吸了一口凉气：卡尔已经发不出任何叫声了，只有胸腔还有一点沉闷的呼噜声，那也是他在痛苦到极点的时候才偶尔发出的。

卡尔的鼻子里布满了污物，把大半鼻孔都堵住了，那些污物有的是灰烬，有的是他自己的某些组织融化产生的，胡须和胸前的毛都不见了，露出一大块烤焦的皮肤。最外面有一小块皮肤接近碳化了，耳朵的尖端也卷了起来。

天知道他去了什么地方，又是怎么回到家里的。

主人看见他的时候，还以为他已经死了，他侧躺着，那只小猫就靠着他的背部，用爪子摸那部分尚算完好的皮肤。

他看见卡尔的后肢抽搐了一下，于是就小心翼翼地找了块毛巾把他抱起，放在纸箱里面，出了门。

这房子里只剩下朵西一个了，她围着卡尔的食盆和水碗，哀哀地嗅着，不停地打着转。从那山坡下来的路上，卡尔一直支撑着在走，有好几次走着走着就眼睛闭上了，然后靠着朵西。朵西听不见他的喘息，只能感觉到那种腹部的抽搐。等回到家里，卡尔就闭上了眼睛，再也没有睁开过，她试图让卡尔喝一点水，用爪子沾了水在他嘴边涂抹，但他的嘴似乎被粘连在一起了，蠕动几下，也不能张开分毫。

她以为卡尔被抱出去，就不会再回来了，于是就执着地在屋子里找着卡尔的气味，在那冰冷的钢琴上，在主人圈椅的坐垫里，在他们的各种玩具上，在他们使用过的食盆和水碗上，在猫砂被刨动过的小窝里……这些气味，可以证明卡尔从未消失，她甚至找到一些属于卡尔的毛发，她仔细地把它们搜集在一起，放在窗台上，午后，那里就有阳光斜射进来。

过了两天之后，卡尔被送了回来，躯干打满了白色的绷带，脸上涂了厚厚的油膏。朵西凑上去嗅那刺鼻的油膏味，试图用爪子去摸卡尔的彻底松弛下来的眼皮和额顶。她知道卡尔已经不能说话，如果还能感受到她的抚摸，那必定还能交流点什么。

但她感受不到任何动静，于是她也闭上了眼睛，开始去寻找一些最安静的乐曲，去做那个她和卡尔最熟悉的游戏。她在脑海里翻动了很多乐曲，都是卡尔让她记住的，翻得非常快速，似乎再不抓紧，就来不及了。

可是她越着急越翻不到，到底哪种才是最安静的？

是那种间隔很长的音符吗？还是那种只有轻微滑动的？她一度隐约找到了，那应该是像被软布盖住了琴键的那首，可它的后面到底是什么，她怎么都想不起来。

主人在沙发里发呆了很久，叹了一口长长的气，然后用手去拨开卡尔的眼皮。朵西看见卡尔以前深蓝

195

的眼睛，变成了海蓝宝石那样晶莹的浅蓝，好像里面有什么东西融化了。

这时候，卡尔的鼻孔有了一点嘶嘶的声音，想要努力撞开一点什么，那浅蓝色的眼睛凝聚出了一点什么，可那只是很短的一瞬间而已。

主人又隔着绷带去摸他的胸口，然后是他的嘴巴，他的嘴巴还有一些微弱的气流，但那些气流是没有任何频率的，有时候干脆停了下来，只有那几根残存的胡须微微地拂动着。

主人在书房里静默了很久，然后又回来继续检视卡尔，他最后把卡尔的一只爪子放在手里，那爪子还带着温度，他就握着他的指甲，期盼那里还能够扎他一下，让他感受到一种锐利。可那里也变得无比温柔而且甜蜜，像是搁在他掌心的一块软糖。

等主人又一次想要离开，把他的爪子放下的时候，那爪子却轻微抽搐了一下，掌心也卷了起来。

于是，主人就抱着卡尔走进了书房，在那一排大书架前来回走动，卡尔的脖子又轻轻转动了一下。

主人抽出了一本薄薄的书，坐在了圈椅上，卡尔已经不能再抓住他的衣服了，于是他就把卡尔横放在大腿上，朵西也跟了进来，就靠着圈椅的腿躺下了。

主人翻了几页，开始念一首诗：

世界总是用绝望驳斥你

命运总是用封面来关闭你

你的心灵判词只属于你

而你是自己的陌生人

你将从何而来，从何而去

但思考的微尘，总能看到隐约的星际

因此你忍受痛苦，从无抱怨……

（伏尔泰）

你忍受痛苦，从无抱怨……他反复念着这首诗，念着念着竟然语调里带了一些欣喜，就像他刚刚发现这首诗那样，眼神里也因此有了一些迷人的光芒。

他中间停顿了一次，去拨开卡尔的眼皮，在卡尔眼底的最深处，他看见了一个影子，那个影子是鲜活的，分不清是卡尔还是他自己，它像要透过那浅海的湛蓝，向他走来。

于是，他就获得了关于生命的彻底自信了，继续反复念那首诗，似乎那首诗能让时间彻底静止。

朵西可什么也听不懂，听懂人类言语是只有摄猫才有的权力，这是高贵的权力。她只能抓住所有的感官去感受所有的气息和语调，还有手指头摩擦书页的声音。

她能看见空气里有很多微尘在缓慢下降，这些微尘带着稀薄的光线包裹住卡尔的躯体，围着他继续下降，自由自在地倾泻，像无数的小天使，一直下降到主人的大腿上，和圈椅的坐垫上。

那些动人的语调让朵西心里也变得暖洋洋的，有很多新鲜的感受在翻动着。于是她也爬上那圈椅，试图去听卡尔来给她解释。

她找了条缝隙挤在了卡尔身边，卡尔紧闭的嘴角慢慢松弛了下来。

那些温暖的声调，也慢慢松弛下来。就在主人站起来的一瞬间，她听见窗外有风尖利的呼啸声。

主人放下他们，然后找出一个早就准备好的木盒子，木盒子里有一朵还是花骨朵的玫瑰。

在送走卡尔后的第二个深夜，朵西独自溜了出来，她再次来到街边，看着那栋曾经是日落花园的房子。

那种带着口哨声的风，把沉重的水泥气味吹了过来，她大口呼吸了几下之后，就走到那里，开始了攀缘。

她吃力地从脚手架的底部爬上一个水泥平台，然后抓着墙上的楔子、钉子和各种突出物继续往上爬。

她的肚子蹭到了一些还没有干透的水泥，水泥黏在她身上，让她变得更沉重了。她就拖着这些爬到了一块竹板上，竹板上有很多小小的缝隙，不断地卡住她的爪子，她把爪子不断拔出来，用牙齿咬一咬脚掌里面的竹刺，继续找可以攀缘的地方。

转了一个弯之后，她终于又找到了脚手架，那根脚手架非常粗糙。铁锈的颗粒摩擦着她的脸和腿，不断沙沙掉落下去。

她以为那脚手架始终是非常粗糙的，没有想到那里还有一段非常光滑的地方，她瞬间滑落了下来，但上肢还是死死抱住脚手架。

等她终于又抓稳的时候，却感到那种沉重的坠落还在继续，一直坠落到她的下腹部。

她的爪子挠动了几下之后，就静止了下来，她往上张望，估算着还有多高的距离。

这时候，她的下腹部传来了一阵新鲜的悸动，带着她以前从未感受到的疼痛。那种悸动有节奏地拉扯着她的腹腔，微弱而坚决，让她感到了新生的惊喜。

于是，她就获得了再次攀缘的勇气。

等她到达脚手架顶部之后，她却找不到那个灯塔了，那个方向是彻底黑暗的。

总得找到一点什么。

她继续蹲在脚手架上张望，大风浩荡地吹来，在她的头顶，那看不见的云幕掀开了一角，露出几颗孤星在永恒地闪动。

于是，她用上肢支撑着身体，发出了一声长嚎。

她就像那些强壮的雄猫一样，用胸腔、腹腔和喉管一起奋力挤压，直到满身充盈，悠长的力量喷薄而出，充满亘古以来从未有任何改变的肆意。

生命的孕育和死亡，也是两个很多哲学家非常不愿意去触碰的领域。因为没有人可以获得经验，也找不到研究的方法，我们只能获得对它们的态度，让这两件事情具有至上的崇高。

未悲观的哲学家会寻找它们之间类似的一面，于是它们就获得了一种辩证的统一性——卡尔的死去和朵西的孕育，因此就能给人同样的慰藉了。

续　集
众神之猫

　　有那么一个时代，人类认为他们的命运从不由自身所主宰。农神的呼吸可以带来收获，牧神的箫声可以催促牛羊流出奶水，让山林和草原变得茂盛，天空中的电闪雷鸣是神灵们在交战，会种葡萄的神让人类沉醉并且写诗，然后唱出颂歌……人类固执地相信这些，并从中汲取力量，直至他们强大到没有其他动物能作为对手。

　　过了一段安宁而富足的生活之后，人类就开始互相杀伐，每一个种族都期待自己是至高无上的，宙斯的疆域也就是他们的疆域。他们认为那些勇猛的战士，就是神种下的牙齿长出来的，战争就是神灵的牙齿在互相摧毁，却没有想到这种杀伐发展下去，最后会令他们自己也感到恐惧和绝望。

因为这种杀伐永远看不到尽头，一代又一代，那些被摧毁的耕地和城镇，总能被更多复仇的愿望所复原，为杀戮提供粮食和工事。勇猛的战士总是源源不断地生长，他们不畏惧死亡和背叛，只畏惧失败。人类甚至愿意相信如此多的残忍和卑劣，也是出自神的意志，人类就是神的后裔，本质并无区别。

是神灵们的加入让杀伐变得更加凶暴，他们混在人类中刺穿自己的同类，抢夺妇女和珍宝，甚至兄弟之间也能为女人反目成仇，瞒着自己的妻子留下私生子……那些美丽的女人，为这样可怕的欲望感到恐惧，她们变成了月桂树，变成了白色的母牛，去逃避这些健硕的神灵。

那是一个什么样的时代啊，疯狂的杀戮让大地和海洋都改变了颜色，森林朝着北方退却，橄榄园变成荒漠，大海上飘满了战舰的碎片和人的尸骨，巨大的神像沉睡在海底长满了藻类。似乎只有天空中的星辰才能永远不被动摇。我们现在所说的星辰，依然是他们所命名的。

有一只猫曾经短暂地逃离了这种杀伐，它逃出了神庙，翻过了城墙，从那些已经扭曲了的士兵尸骸中间穿过。在两千四百年前的一个下午，在那片布满了碎石的黑色海滩，我们可以看到这只希腊猫还在顽强地行进，它闭紧了细长的眼眶，像麦粒一样尖锐的耳朵也在不停摆动。它似乎已经走了很久，腹部的深棕色毛发结成了缕，狂风也无法将之吹散。

它动作充满疑惑，前爪小心翼翼地在碎石之中试探，每走一步都在犹豫着。

那片海滩的碎石，朝着北方的一座巨崖延伸，越往北方，碎石就越来越大。慢慢地隆起为一块块巨大的黑色礁岩，像是一只巨大的拳头打击后留下的遗迹。

海水奔涌，翻滚着喷吐泡沫，不停吞噬那些礁岩，直到每一块石头都在海水中挣扎，再也无路可去。

那只猫停了下来，侧过身子背对着风，露出了淡绿色的瞳仁。

现在，它能够更清晰地听见咆哮的风声了，人类说，那是来自一个宽肩膀神灵的呼号，他的身上披满了海藻。

它停留了很久，用前爪一直在拨动着什么。走在它后面的是一个年轻人，他一直在碎石中踉跄着寻找道路，身上的亚麻长袍已经和猫的毛发一样褴褛，大风已经将它的下摆撕碎，只剩下完整的一小块紧贴着他结实的腹部。

"皮雷斯！你到底想要我去哪里……让我想想吧，是不是我的老师也来过这里？"

等他的喊声被风声吞噬之后，那个年轻人佝偻着背，找了一块大点的石头坐下，他的眼角有点下弯，带着天然的忧伤望着远处的巨崖，成群的海鸥尖啸着在那里盘旋。

他感到有点沮丧，"皮雷斯，这里是不是就是他的尽头，他是不是死在这里了？"

那只猫其实永远无法回答，它的前爪将脚下的沙石拨开成为一个小坑，一只沙蟹惊慌地从里面逃离。

那个年轻人的发问，不停被大风吞噬，乘着大风而来的，是海面上一大团翻卷的乌云，乌云就像一条垂死的大鱼那样拍击着天空，银色的鳞片在乌云上方闪烁。

在痛苦了很久之后，雨点开始洒落下来，那个年轻人突然感到一种狂喜，他抱起了那只希腊猫，用力捂着它的脸，想从它瞳仁的火焰中看出一点什么。

"皮雷斯，你不回答，是不是因为我刚才的问题问错了？我的老师从来没有死，他说了要告诉我答案以后才会死……是不是他曾经死去，却在这里复活了？"

复活，这突然而至的灵感让他兴奋得浑身颤抖，那只猫挣脱他的手，从怀里跃到了他的肩膀上，似乎他们同时被雨点惊醒了。

他抱着那只猫，迎着狂风暴雨开始朝那座巨崖走去。

在越来越深的黑暗里，连大海也倾斜了，一艘孤零零的帆船，仍然顽强地朝着西方前进。

那个方向有一个港口，叫做比雷埃夫斯港，那个港口属于一个叫做雅典的城邦。

而那个年轻人，正是从那个城邦一直走到了这里，再走向那座巨崖。

现在，他的肌肉恢复了力量，抱着那只猫扑进了汹涌的海水，然后从海水里挣扎而出，不断攀上那些礁岩，弯弯曲曲地行走，直到一大排蓝得发黑的巨浪，让他们不知所踪。

那个年轻人的名字，叫做柏拉图。

延伸阅读书目

斯宾诺莎 《伦理学》

黑格尔 《美学》《哲学史讲演录》

丹纳 《艺术哲学》

柏拉图 《理想国》

萨特 《存在与虚无》

卢梭 《忏悔录》《社会契约论》

爱尔维修 《论精神》

拜伦 《拜伦诗集》

尼采 《查拉图斯特拉如是说》《道德的世系》

杜威 《艺术即经验》

亚当·斯密《道德情操论》

后记

　　前年的某一天，在我每天等公交车的那个站台对面，发生了一起小小的事故，一间蛋糕房失了火，屋顶都被烧塌了，成了一座 H 形状的废墟。于是此后的很多天，我就每天面对着这个城市小小的创口等公交车，这算不上一场灾难，当然也不会诞生奇迹，直到施工围挡将它彻底遮蔽，就像一张创可贴那样简单。

　　我一般等公交车的时候也在阅读，那时候我正陷入写作焦虑之中，我写过很多无所谓的小说，仅仅是为写而写而已，当然就无谓成功与失败。当我力图为自己以后的写作找点理由的时候，我却不能再无所谓了，因为这座公交车站台就在我二十多年前工作地点的附近，这间失了火的蛋糕房也在附近，每天面对着这样的场面，我都会想起我是如何迷上写作的，而这个爱好又是如何走到穷途末路的。

我开始在报社工作的时候，仅凭简单的爱好和冲动，在副刊上写出了两篇很幼稚的影评。刚好那一年是电影的奇迹之年，诞生了《肖申克的救赎》《低俗小说》《阿甘正传》等杰作，我感觉我逢其时，势必大写一场不可。

但我的上司很快给了我打了一针清醒剂，她问我："你这些东西是不是都是看盗版碟片写出来的？"我说："是啊。"她很严肃地告诉我："我们不能去看盗版碟，更不能去写碟上的内容！"出于对自己职业身份的虚荣心，我当时竟然认为她的提醒很有道理。

很多年之后，我才明白我错过了什么，我也明白了当年领导的荒谬之处。这是一种哲学上的荒谬，她将载体这样的表象置于比内容更重要的位置，颠倒了哲学概念。一张盗版的碟片不应该是决定里面的内容毫无价值的理由，也不能有损于我对它付出的劳动。

之后我又迷上了看足球，开始写足球评论，这个方向也戛然而止了，因为长辈对我午夜看足球直播提出了强烈抗议，没有什么理由，他们认为半夜看球赛就是不可理喻的行为，除非是发生了事故，否则不按时睡觉就是大逆不道。

就这样，我再一次屈从了，他们用一种生活习惯成功地击败了一个理想。直到现在，我还认为做一个职业影评人或者足球评论员就是天底下最幸福的工作，比写其他什么东西都要好。但我已经无法回头，以后越来越趋向于写一些仅凭读书、思考加上生活经验就能成文的东西，在任何领域都无法做到专业。

在这个迷惘的关口，我意外收到了我的恩师龚曙光先生用毛笔给我写的一封信，信是对我发表的一篇文学评论的回应，他鼓励我应该继续写下去，溢美我具备一种用灵魂深入文本的能力。

在我二十多年写作生涯里，他是第一个，也是唯一一个给我的写作提出建议的人，而且抱有很大期待的人。这更令我感到羞愧难当，因为我早已自知我无法从干瘪的生活中获得更多的养分和灵感，长期沉沦阅读的狂喜和迷乱中不能自拔，并且我早已脱离媒体工作，实质上会离他的期待越来越远。

他的那封信，实质上是在我混沌的阅读加上胡乱书写的生涯中，点亮了一种奇异的微光——请原谅我用黑暗来形容这种生涯，因为在这样的境况里，我已经迷失了自己为何而读，该读什么，读懂了又该做什么，书本与书本之间互相遮蔽，我已做不到安心享受阅读之趣，实在与黑暗无异。

而恩师所给予的微光，仅仅是一种提醒而已，并且是一路遇到的仅有的提醒。他本意是想让我写好文评，他在信里提到了维特根斯坦，有时候我在阅读的沉闷中会去重读那封信，我反复看到这个名字，维特根斯坦竟然成了一种暗语，并且越来越显眼。

我想起了我曾经也是狂热的哲学爱好者，我差不多每隔五年就要把黑格尔的《精神现象学》《小逻辑》之类拿出来重读一遍，这样做当然享受不了什么，仅仅是出于挑战最晦涩的哲学著作这样的冲动，结果我永远都没有看懂，倒是《美学》和《哲学史讲演录》看得津津有味。

于是我就开始思考，是否有将文学与哲学结合好的可能，我每天面对那个失火的蛋糕房都在想这个事情。对于我看出了趣味的那些哲学而言，它们的本质就是最好的文学，因为它们的思考可以加上很多精彩的覆盖之物，一层层地加上去，让它们的语言成为诗歌，成为散文，长出茂盛的毛发和光洁的皮肤，成为生灵，开始行动，相爱然后分离，再进入城市或者乡村，争斗或者劳动，进入历史，成为故事和小说……而且，因为它们理性的缘故，这样的添加必然是异常牢固的。

　　我的想入非非逐渐变得不能自控，而且沉浸于一种虚构的辽阔之中——我曾经看见过那座废墟钻出来一只黄色的流浪猫，它胆大包天地爬到了废墟的最高处，肆无忌惮地俯视着我。

　　等我最终确定我可以尝试一下，写个什么，去弥补我过去因为缺乏理性抗争所留下的遗憾的时候，已经是秋季了。那条街上的樟树开始落下紫色的果实，几乎每一脚下去都会感觉有什么爆裂开来，这使我找回了久违的舒畅和期待。等我下定决心动手的时候，街道上已经留下了很多的紫色印迹，那座失火的蛋糕房，也快开始重建了，人们在那里所要做的一件事，是清除被行人随意往里面丢弃的各种垃圾。

　　这是一件肮脏的工作，他们先把垃圾码成堆等待搬运。有一天黄昏过后，我竟然看见那只流浪猫从垃圾堆里一跃而出，后面还跟着三只小猫，它们瞪着圆圆的眼睛，爪子挥舞得和母亲一样张扬有力，仿佛它们认为自己就是城市里的老虎一样。

谢谢丁双平先生和我的几次谈话，他告诉我什么才算好的图书创意。

同时也感谢张宇霖、陈实、蔡晟三位编辑，当我刚有这个念头的时候他们就积极介入，并且帮助我最终完成它。

多令

2020 年 2 月 19 日

图书在版编目（CIP）数据

哲猫志 / 多令著. —长沙：湖南人民出版社，2020.11（2020.12）

ISBN 978-7-5561-2513-5

I. ①哲⋯　Ⅱ. ①多⋯　Ⅲ. ①人生哲学—通俗读物　Ⅳ. ①B821—49

中国版本图书馆CIP数据核字（2020）第120968号

ZHE MAO ZHI

哲猫志

著　　者	多　令	
绘　　者	花菇子	
出版统筹	张宇霖	
监　　制	陈　实	
产品经理	姚忠林	
责任编辑	李思远　田　野	
责任校对	夏丽芬	
封面插画	花菇子	
封面设计	刘　哲	

出版发行　湖南人民出版社有限责任公司 [http://www.hnppp.com]
地　　址　长沙市营盘东路3号
邮政编码　410005

印　　刷　长沙市雅高彩印有限公司
版　　次　2020年11月第1版
　　　　　2020年12月第2次印刷
开　　本　880mm × 1240 mm　　1/32
印　　张　6.875
字　　数　100千字
书　　号　ISBN 978-7-5561-2513-5
定　　价　49.80元

营销电话：0731-82683348　　（如发现印装质量问题请与出版社调换）